# ケータイ化する日本語

モバイル時代の〝感じる〟〝伝える〟〝考える〟

佐藤健二

# 目次

# ケータイ化する日本語

モバイル時代の
〝感じる〟〝伝える〟〝考える〟

# はじめに

## 「ケータイ」を通じて「ことば」を考える

この本では、二〇一〇年代の今、日常生活の必需品となった携帯電話すなわち「ケータイ」を、社会学の立場から取り上げる。

「社会学」とはいっても、機器としての携帯電話が現代の産業社会に与えたインパクトを論じようとは思わない。「3G（第三世代）」以後の新機種や、流行の「スマホ（スマートフォン）」が、今後の世の中を大きく変えるかもしれないとかいわれている、そんな可能性に、みなさんの関心を誘おうとも思わない。むしろ、人びとが電話というメディアを身につけて移動するまでに、毎日の社会生活のなかに受け入れてきた、その使われかたの歴史にさかのぼって、このケータイという「ことば」の容器と社会との関係を考えてみたい。

つまり「ケータイ」という機器そのものの機能や、その新しさを評価することが、この本の目的ではない。現代人の装備として携帯できるようにまでなった電話は全体を貫く重要な素材ではあるが、「主題」ではない。あえていうならば、考えようとしている問題へのひとつの入り口にすぎない。

深めて考えてみたい主題は、われわれ人間の思考力や想像力や感覚や行為の基本にあって、それを支えている「ことば」である。ことばという媒体《メディア》が生みだしている交流《コミュニケーション》であり、ことばという道具をつうじて、われわれが向かいあっている現代である。

## 「ことば」は人間の「光」なりき

新約聖書の四つの福音書のうち、最後に成立したとされる「ヨハネ伝福音書」は、次のような暗示に満ちた印象ぶかい一節に始まる。

太初《はじめ》に言《ことば》あり、言は神とともにあり、言は神なりき。この言は太初に神とともに在り、よろずの物これによりて成り、成りたる物はひとつとしてこれによらで成りたるはなし。これに生命《いのち》あり、この生命は人の光なりき。［日本聖書教会　一九九六：一七八］

すべての存在は「ことば」において生成し、この世には「ことば」によらずしてあらわれたものはない。その意味で、まさに根源に「ことば」があった。「ことば」には、存在そのものを支える原初的な力があり、それは人間を照らす明かりでもある、と。もちろん、ここで「神」として語られている「ことば」のキリスト教神学的な解釈は、私の関心の範囲を超えている。だから、この「神」が何であるかについては問わないことにしたい。その語をあえて「精神」とか「人間」とかに読み替えてしまっても、この引用を持ちだした私の意図は変わらない。つまり、この聖書の一節をごくごく即物的に、人類史における「ことば」の重大な機能を指摘したものとして受け止めてみたい。

――すなわち「ことば」は、人間がその固有の歴史の出発点において最初に獲得した、不思議で可能性に満ちた道具であった。

人間はこの道具を使って、やがて「社会」と呼ばれるようになる共用共存の関係システムを高度に発達させ、「文学」として論じられる感覚と想像力の果実を生みだし、「哲学」の名で知られる存在と現象の原理を追究する思考をくりひろげ、「歴史」として想起され事実として召喚される記録を紙や石に刻み込んだ。つまり「ことば」は、人間の精神に関わる文化そのものを生みだしたのである。他の動物や植物もまた、「社会」に例えられる群れをつくることがある。しかしながら、それは人間の「ことば」が構築する関係性としての社会とは、比べものにならないほどに原初的で、固定的である。「文学」も「哲学」も「歴史」も、さらには「学問」

と呼ばれる営みも、人間固有のことばの際だった力と特質とによって生みだされた。

とはいうものの、われわれはこのことばの驚くべき力を、いつも明確に意識しているわけではない。「ことば」は、「空気」のような存在である。空気もまた、身のまわりに豊富にある。そして本当は不可欠のものであるのに、いつもはその身近さと豊富さゆえに、人間にとってあまりその存在が意識されない。

空気については、あらためて「声」の考察でとりあげるつもりだが、「ことば」も空気同様に見かけ以上に、複雑で、精巧で、意外な役立ちかたをしている。いわゆる「自然言語」は、工場で作られたコピー機や電子レンジやコンピュータのように、取り扱い説明書付きで頒布されるような道具ではない。だから、ちょっと見たところマニュアル無しに誰もが使えて、誰もが習熟しているように見える。しかし、じつは知らない機能や仕様などが潜んでいて、思いのほか奥が深い。

ケータイを取り上げて「ことば」という道具の歴史と現在とを明らかにすることで、私たちの「感じること／話すこと／書くこと／伝えること／考えること」が直面している問題を考えてみよう。

というのが、この本の本当の主題である。

## 切り口としてのケータイ

ならば、なぜ「ケータイ」か。

第一の答えは、頼まれたからである。大修館の編集者に、この流行《はやり》ものの現代的な機器を社会学者として論じてみてほしいと誘われた。なぜ私に持ち込まれたのかは、別に問いつめもしなかったのでわからない。たぶんこの本に取り込んで切り刻まれて活かされている、メディア文化を批評した論考を読んで、なにかを期待してくれたのだろう。

第二の答えは、メディアだからである。そしてケータイという、今はもう日本社会のほとんど誰もが持つようになったメディアもまた、これまでのメディアと同じように、人間の「ことば」という基本的な道具の形態を変えてきた。人類史を振りかえるなら、文字という人間固有のメディアの発達は、声でしかなかった「ことば」の文化に新たな記録と分析的再構成の能力を付けくわえた。印刷という複製技術は、書物という「記されたもの」の森を生みだすことで学知の共有に大きな役割を果たし、新聞という毎日新たな頁を加えていくメディアを産み落として、いわゆる「情報(information)」の世界を切り拓いていった。今日流行の「ケータイ」もまたメディアとして、人間のコミュニケーションの基本にある「ことば」の力や形態に、なんらかの新しい変容をもたらしている。

その内実とはなにか。論じてみるに足る課題である。

## 論じるということの役割

もうひとつ、正直に告白しておこう。

「ケータイ」について、この本の著者すなわち私は、間違いなく、疑いなく、まぎれもなく経験が不足している。知識も乏しく、関心も旺盛とはいいかねる。もし、左手一本でキーを打つ早さの技能や、サイトへのアクセスの頻度や、依存と見まがうばかりの使用時間の長さがケータイの熟達を測る尺度であるなら、この本の著者の能力は、間違いなく世の中の平均点にまで届いていないだろう。もちろん年齢が上の集団になれば、世の標準にかけはなれて「平均」が低いばかりでなく、個々人の技量をしめす数値の分散も大きい。だから平均値がたいして意味をもたないことは、社会学者として充分に予想はしているが。

ただし、である。

いつも使っていて、長く見つめていて、深く熱中してさえいれば、それだけで理解の正しさが保証され、うまく論じられるのだろうか。

残念ながらそうでもない。

うすうすわかっていることを、経験してみたという立場から、ことば巧みに示してみせるだけが、「うまく」論じることではない。みんなが感じていることを、了解しあい確認する。だが、それだけでは終わらない。未知や不可知のことと向かいあい、そのわからなさの輪郭をことばで正確にたどってみる。それもまた、論じることの大切な意義である。そして、わからなさの正確な描き出しは、人間の思考という営みの積み重ねにおいて、進歩発見の欠くべからざるプロセスである。寄り道に迷い込み立ち止まってみる経験が、思いもかけない新しい風景の広がりを見せてくれることもある。

論じるという実践のそのような厚みにおいてとらえ、「ことば」の力と向かいあい、「ケータイ」を考えてみたい。論じるという文化もまた、「ことば」という道具がはじめて可能にした、人間固有の達成のひとつであると思うからである。

ということで、この本が始まる。

まず、「ことば」を私がどうとらえているか。「ことば」は、人間にとっていかなる道具なのか。その理解からたどり直してみよう。

# 1　ことばは「身体」である

さて、すこし前に、「ことば」は人間が「最初に獲得した、不思議で可能性に満ちた道具」だと書いた。

誰もが毎日の暮らしで、いつもことばを使っている。

しかし、その見慣れた「道具」の特質についてはあらたまって考えない。

だから、ちょっと「不思議」で変わっていることにも、人間という生物にとって大切で、かなり重要な働きをしていることにも、気づく機会が少ない。ことばの重要性と不思議さとを、私に面白く気づかせてくれたのは、フランスの自然人類学者ルロワ・グーランの『身ぶりと言葉』［Leroi-Gourhan 1964＝一九七三］という一冊だった。

『身ぶりと言葉』は、たいへんユニークな進化論で、身体という装備の生命史的な変容を深く掘り下げている。すなわち、装置としての身体は、人間がことばを獲得する基礎であった。議論のポイントは、脊椎動物という内骨格の組み立てを持つ生物の、身体において起こった「解放」である。さまざまな局面での重なりあう「解放」が、「ことば」という文化技術の創成の基盤となった、という。ある理論は、人間の霊的で精神的な優越を、天地創造の神話的理解の最初から特権的に固定化してしまう。つまり特別な存在ゆえに、ことばという特異な文化を発達させたという。別な理論は、あらゆるものの進化変容に優勝劣敗という「見えざる手」の神学をもちだして、人間の霊的で精神的な優越を位置づけようとする。宗教的な人間至上主義の特権に基づく強引も、社会ダーウィニズムやネオリベラリズムの結果を正当化する尊大も、どこか声高な理屈の押しつけあいで、明晰な説明とは言いかねる。『身ぶりと言葉』は、そうした危うい原理主義の傲慢に迷い込むことなしに、長い進化の事実の叙述のなかで、人間という動物に固有の経験であった「ことば」の始まりを浮かびあがらせている。

そして二足歩行の「身ぶり」と、道具としての「ことば」の使いこなしが、人間を動物から分ける革命の始まりであった、という認識をかかげる。

### 頭脳中心主義と身ぶり中心主義

グーランの説明はどこが特徴的なのか。その組み立てを簡単にたどってみよう。

多くの人たちの常識では、人間の進化の理解において「脳」の発達がとりわけて重視されている。大きくて性能のよい脳の獲得が、人間と他の動物たちの運命を分かつ最初の、そして本質的な条件であった、と。巨大化した脳をもてばこそ、人間は、サルなどの類人猿から離陸して、道具を使い、火をあつかい、言語をあやつって、まさに人間の文化の特質を作り上げることができた。そんな説明がなんとなく信じられている。はじめに「脳」あり、「脳」は神とともにあり、「脳」は神なりき、である。

グーランはこの「頭脳中心主義」による因果の説明を、まったくひっくり返してみせる。すなわち、脳の発達は後から獲得された「二次的な基準」である。進化の動因、すなわち進化を推し進めてきた原因として特権化されるものではない。むしろ人間への進化を、「広く深い生物学上の基礎」〔前掲書：四三頁〕のうえに置きなおす。その基礎とはつまり、身体という装置の固有の構成と、その結果として獲得された運動能力、一言でいえば、動物としての人間の「身ぶり」である。

グーランによれば「最初のもっとも重要な基準は直立位」〔前掲書：三四頁〕であった。二本足で身体の直立を支え、立って歩く新しい身ぶりである。頭に居すわる「脳」ではなくて、体を支える「足」こそが、人間への進化の最初のイグニッション〔点火〕キーだった、という興味深い論理を組み立てていく。

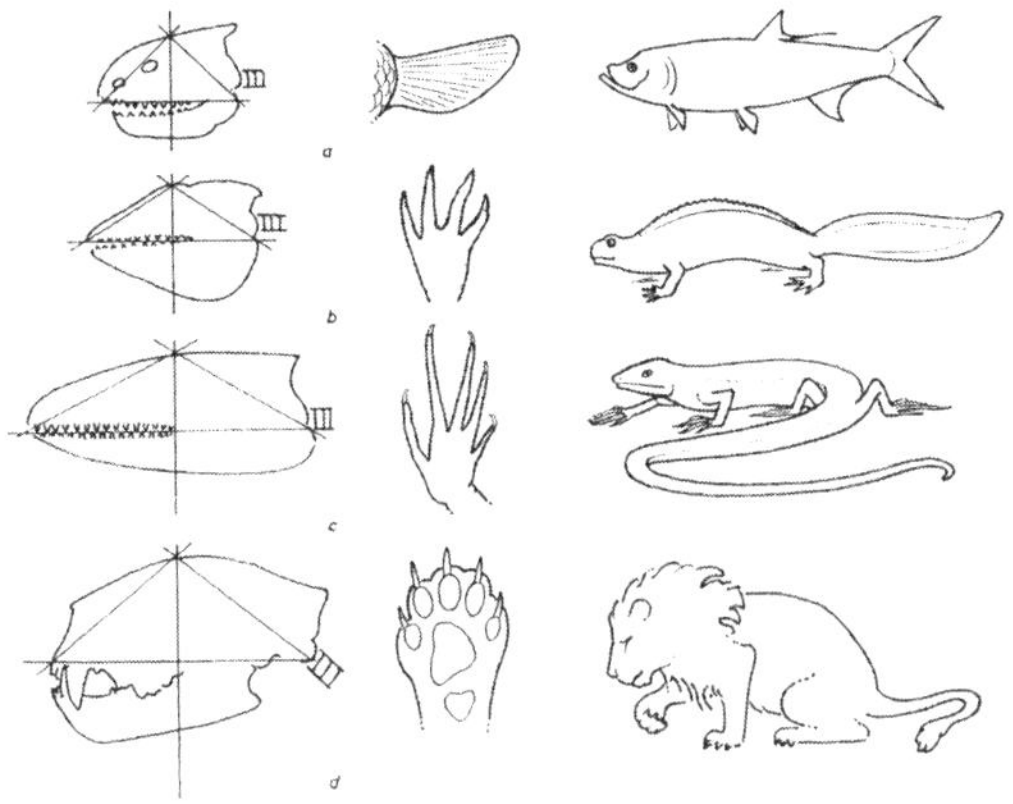

▲水中に留まる魚形態の体勢では頸は動かず、同型歯の長い歯列。四つ足の獣形態では手は一時的に自由になり、異型歯の歯列は頭蓋構造の前半部に。水生環境における均衡、水からの最初の解放、地面からの頭の解放に伴う変化を示す。

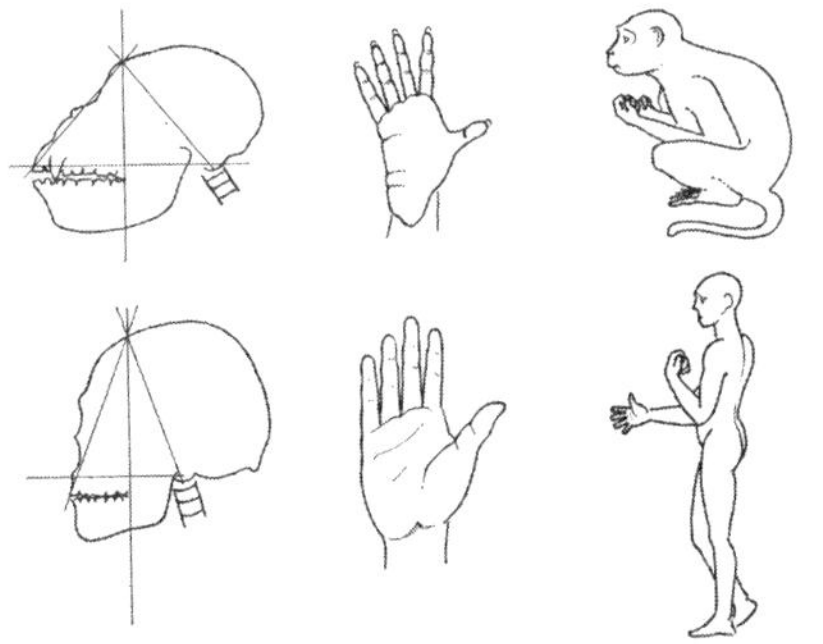

▲サル形態では座位の場合に手が自由になり、重なり合う親指と、頭蓋の後ろ半分を自由にする脊椎。人間形態では手が完全に自由になり、直立位で頭蓋の半球形が力学的に解放される。四つ足構造から、座位、直立位への変化とともに、手による把握が高度化し、脳構造も累積的に高次化していく。

**1-1　脳／手／身体構造の相関**　左列は姿勢との関係から見た頭蓋と歯列、中央列は手の形態、右列は基本姿勢。（出典：『身ぶりと言葉』［1964＝1973］、p.49）

## 二足歩行と手の解放

二足歩行とは、つまりは「直立位」の長時間にわたる持続と維持である。それは何を意味するものであったのか。

二本の足だけで歩く。それは身体を移動させながらであっても使える、「自由な手」を得たことを意味した。道具の工夫も、その改良も進化も、火の使いこなしも、直立位の新たな可能性として「手」に実装された文化である。身体の移動を支える必要から解放された「手」の自由を持つ人類が、環境と関わり、環境の一部である石や木や火や土や金属を選んで利用する。そのなかで、「道具」とカテゴライズされるような、特殊な機能を有する物体群がしだいに形成されてくる。すなわち何かを制作するための手段として、ある物体が使われる。それは、その物体が生産の媒介物（すなわち媒体）として機能する、そういう関係性が生みだされることであり、まさにその意味において、メディアとしての「道具」の誕生なのである。

「手の解放」は、その手でつかむことができる道具を生みだすだけには終わらなかった。意外にも「口の解放」とも連動していく。四つ足歩行の動物や鳥の場合、手があれば果たしてくれるであろう役割を「口」は分担しなければならない。食物を歯やくちばしで挟んで引きちぎる。そのとき、その動物の口は、後には手が専門的に引き受けてくれるであろう労働を、未分化なまま代行している。そして時には、宅急便のクロネコヤマトのロゴマークのように、子どもやモノをくわえて運ぶことも、四つ足での生活では必要になる。これに対して、足としての役割から解放された前肢は、手としていつでも自由に使えた。そのことによって、口もまた、手のような役割で使用される必要から解放されたのである。

### 口の解放と声の自由

さて口の解放は、人間の身体に、さらに想定外の新たな可能性をもたらした。

声としてのことばの創造、すなわち言語によるコミュニケーション能力の発達である。物を食べているときは別として、いかなる場合でも、どんな態勢でも声を発することができる。その能力は、動物としての新しい可能性であった。

口といえば、まず食べること、すなわち食物を身体の内部にとりこむ機能を思いうかべるだろう。摂食の器官としての「口」は、生物の歴史では腔腸《こうちょう》動物の頃から明確になったといわれている。人間の器用な手による食糧の加工すなわち料理文化の発達は、口による摂食の機能から始まる「消化」、すなわち栄養素の内部化の負担や労力のある部分を身体から減らしたとは思うが、さしあたりここでの話題ではない。手の充実の結果としてより重要なのは、手の役割から解放された口に、積極的な情報発信の新しい役割が割り当てられたことである。そして人間という動物は、新しい情報発信のOS（オペレーティングシステム）として、「ことば」としての声を固有かつ高度に発展させていった。

すなわち声としてのことばの獲得と、それを支えた身ぶりの一連の変容は、意図せざるものでありながら、これまでの生物にない新たな可能性の領域を拓いたのである。「声」は、これまでの脊椎動物の「ことば」以前の段階での「鳴く」「叫ぶ」「吠える」「いななく」「うめく」「うなる」「さえずる」といったそれぞれの身体に固有の音波の発生とは、まったく水準の異なる高度な道具性を有していた。複雑な包含・差異の関係秩序をもち、明確で、安定的な記号性をそなえた「声」によって、人間は音でしかない現象に言語といってよい体系性を発達させたからである。

　ことばという道具もまた、意外なことに直立歩行の「足」が生みだした自由であり、副産物だったのである。

## 歩きつづけること／声をだすこと

　グーランの解説をたどっていくと、暗黙のうちに過大視されていた脳の発達による説明が、人間の「自我中心主義」、あるいは「身体」よりも「意識」を偏重した思い込みであったことがわかる。脳の能力の向上は、意識の主体性をことさらに重視する現代人が考えるような独立単独の進化の作用因ではなく、まさに直立歩行という「身ぶり」すなわち身体の使いかたの、変容の結果において生みだされた適応のひとつだった。そのことが浮かびあがることで、頭脳中心主義の進化論がゆらいでいく。

　二足歩行は、いうまでもなく力学的にはたいへんに不安定である。平衡をたもって、二足での歩行を持続維持する。そのためには、身体の各部をそのつど微妙に調整しなければならない。さらにまた、手は自由にかつ器用に動く。であるがゆえに、それを瞬時にかつ精確に制御することが、熟練として、すなわち身体化された能力として必要となる。声の使いこなしにおいてもまた、二足歩行の持続や、手の使いこなしと同じく、前提となる身体の各器官の複合的な協働がそのつど要請される。

すなわち口での微妙で複雑な息の動きを、耳による振動の把握と瞬時に関連づけながら統御し、筋肉に指令を与えて調整する。このような同時作業を相互に協働させるために、神経系の

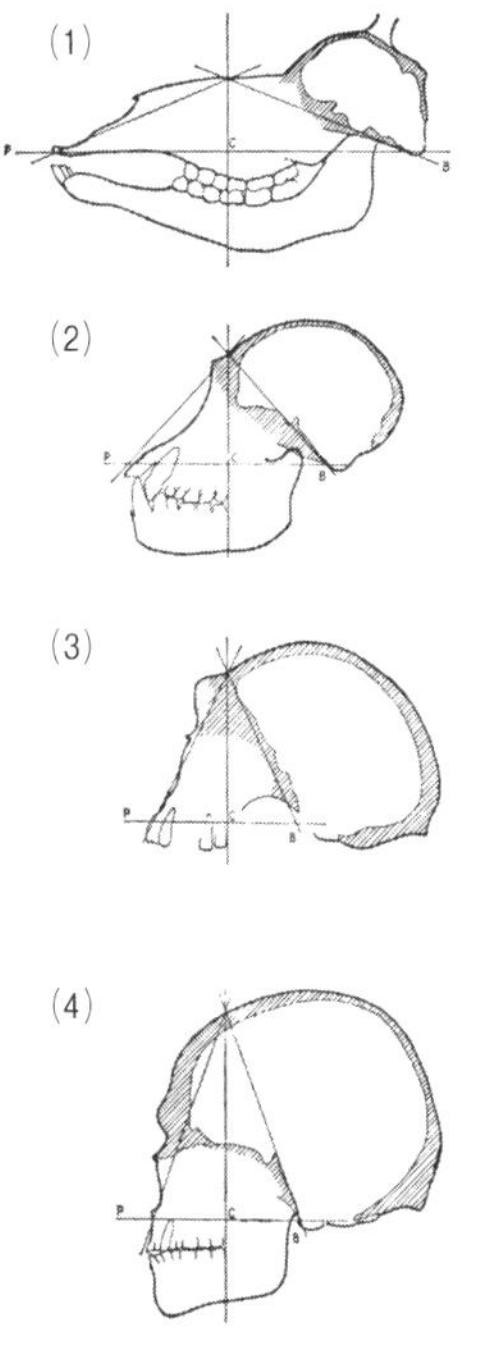


**1-2　頭蓋底の短縮と脳の拡大**

(1)はシカ、(2)はチンパンジー、(3)は旧人、(4)はホモ・サピエンス。歯列の幅が縮小するにつれて、大きな下あごからの衝撃と抵抗がなくなった後方頭蓋での脳の発達の余地が開かれる。(出典：『身ぶりと言葉』[1964＝1973]、p.81)

ネットワークが発達し、脳自体の役割もまた増大したのだという。役割の増大とともに、脳は自らのなかでの機能的な分化と連携のしくみを高度化させていく。

「変容の結果において生みだされた適応のひとつ」と述べた意味も、まさにそこにある。つまり、進化の最初のきっかけは、脳の突然変異としての能力向上ではなかった。むしろ持続的な直立歩行という身ぶりの継続であり、声の進化とことばの形成であり、その維持と展開を通じて神経系というコントロールシステムが発展し、脳の機能もまた成長し成熟していったのだという説明になる。

なるほど。ちょっと驚くけれど、説得的である。

いささか個人的なエピソードになるが、この説明に説得力を感じたのは、身近に観察できて参照できる事例があったからである。それを今、なつかしく思い出す。

一九六四年にフランス語で書かれ一九七三年に日本語に翻訳された、この『身ぶりと言葉』は、一九八〇年代から九〇年代のはじめまでの長いあいだ「品切れ再版予定なし」すなわち絶版状態であった。フランス語版と取り組む根気はなかったので、しばらく探していた記憶がある。しかしなかなか手に入らず、どこかの古書店で見かけてようやく読むことができたのは、一九九〇年代の半ばであった。

ちょうど生まれたばかりの息子の「首がすわり」、「這いはい」に始まって「つかまり立ち」「よちよち歩き」を反復しながら、断片的に「ことば」といえるような声を発しはじめていた。

目の前でくりひろげられる脊椎動物としての進化の縮図は、この本の説明の印象をことさらにあざやかにした。

そうか、人間のことばによる表現能力や発話能力もまた、筋肉で構造化された身体を持つ脊椎動物としての自由だったのだ、と私は深くうなずいた。

**道具という概念**

ここで論述は、さきほどの文章に、ふたたび戻る。

「ことば」は、人間が最初に獲得した、不思議で可能性に満ちた道具であった。土台としての人間の身体構成と身ぶりの進化を経由して考えると、あらためて「不思議で可能性に満ちた」と形容した特質のひとつにさらに深く分け入っていける。すなわち質量をもたない無形の道具であるという特質に、である。

「道具」という概念について、ほんの少しだが調整が必要だろう。

道具という概念を、物をつくるための器具や何かを行うための装備に限定して使いたい人びとは、形をもたないできごと、すなわち現象にまで拡げようとしないだろう。「物体」に限るならば、たしかに定義上、ことばは道具ではありえない。しかし「出世の道具にされる」というような日常的・一般的な用法の範囲内でも、道具ということばは、すでに「手段」という抽象的な意味にまで拡大している。何らかの目的のために利用され使われる、あるいは何かを生みだすために使われる――そうした機能に光をあてるならば、ことばは間違いなく、道具と表現するにふさわしい力を持つ。

ただし「ことば」はそれ自体が現象であり、物体ではない。

それゆえ物体である道具とは、その生まれかたや使われかたが、特徴的と言ってよいほどに異なっている。

## 身体を素材にした道具としての「ことば」

この道具の誕生は、人間の社会にとって、まことに大きなできごとであった。

はじめにことばあり、ことばは神とともにあり、という聖書の一節を、しかしプロメテウスの「火」の神話的起源のように、創造主である神がことばをも与えてくれたとだけ説明するのは、いささかロマン主義の夢想が強すぎる。冷静かつ世俗的に論ずるならば、ことばもまた、明らかに人間がつくりあげたものである。しかも外の環境である自然の一部を人間が切り取って、加工して作った物体でない。木と石や鉄とを組み合わせてできた「斧」のような物質性はもたない。つまり、道具として使うことができる現象、メディアとしての役割を果たす現象の最初の形態が、この聖書の暗示的な表現にあらわれている。

「太初《はじめ》」にあらわれた「ことば」は、間違いなく「声」であっただろう。そして「声」は、人間の身体の内なる振動である。人間の身体それ自体を素材にして生みだされた道具だという点が、まず他のすべての器具と違う、特質の第一である。

　ことばとしての声は、身体それ自体を素材に、身体自身が生みだした。その起源を、またた「脳」の突然の進化に還元してしまうと、ことばの力に不可欠の固有性を見あやまる。ことばは、脳という超越的な創造性を持つ一種の「神」が、独立して思いのままに制定し、独自の意味を書き込んで発行したものではないからである。

　つまりことばの本質は、脳がつくって通用させた「意味記号」というところにはない。意味記号としての特質は、脳がその個体的な意思においてつくりだしたものではなく、身体的で、しかも対人的な「声」という行動のなかから、現象として社会的に立ちあがってきたものである。

## 見えない「手」ともうひとつの「皮膚」

「社会的」については、次節で論ずる。

だからここでは、「身体的」な道具であるという含意とイメージとを、明確さを失わないていどに拡張しておこう。

人間のことばは、じつは見えないもうひとつの「手」である。

人間という動物は、声をそなえた身体によって、もうひとつの「手」を得た。この手は、物体としての斧をつかむことはできないが、「イメージ」のように、あるいは「意味」のように、形がなくてさわれないものをつかむことができる。あるいは、それを動かせる。つかんで、相手に渡すことができる。「定義」や「概念」のように、抽象的なものをつかんで、組み立てたり分解したりすることができる。不思議だが便利な道具だといえる所以である。

見えない「手」の比喩は、力の道具性に重きを置いた表現だ。これに対して、素材である身体性をもっと強調してみることも可能である。

そのとき、ことばは、見えないもうひとつの「皮膚」である。

皮膚という膜は、身体の内側と外側とを分ける。

分けるだけではない。皮膚は感覚をそなえたインターフェースである。

ひとはこの柔らかい膜の外側に広がる世界を「環境」と呼び、内側を「自分」の領域だと感じている。

身体の内外を区分する以上に、皮膚という膜はまた、内外をつなげる柔らかで敏感なセンサーである。そこに触れ接する外部の物体の、温かさや冷たさを見分ける。何らかの物体が皮膚を圧する。たとえば、その物体が他者の手であるならば、その強弱の意味を、ひとは押さえ込まれて傷つくほどの痛さや、手当てや愛撫のやさしさとして感じることができる。

現実の皮膚と同じように、「ことば」という透明なもうひとつの皮膚も、敏感に働き、その柔らかさにおいて機能する。そこに触れる「ことば」の温度や動きを、意味を担う刺激として受け止める。現実の皮膚よりも、もっと複雑かつさらに微妙に、意味の強弱や動きや肌ざわりを明確に感じ分けることができる。それゆえに、深く傷ついたり、その温かさに安らいだり、意図を思いわずらったり、心を動かされたりする。

「ことば」が質量もエネルギーもない現象でありながら、まさに相手や自分の身体を動かすことができるのは、それがセンサーであり、皮膚として機能するからである。感動という表現は、文字通り感じて動かされると書く。あるスピーチを聞いて、ある詩を読んで、感動したという時、ひとは、ことばに触れて震え、身体が感じて、ことばを皮膚とする自分が動かされたことを表しているのである。

## 二重写しの身体性

ここまでの議論をまとめよう。

二つの意味において、ことばは「身体」である。

第一は、声が身体の現象であるという、基礎においてである。声としてのことばは、生物としての人間の身体という装置の進化において可能になった。第二には、ことばがもうひとつの手であり、外部化した脳であり、空間に拡がった見えない皮膚であるという、拡張においてである。それゆえことばの「身体」性は、二重写しの意味をともなう。声という現象の素材が身体であったというだけでなく、見えない手や透明な皮膚が媒介する不思議な力の複合性において、この身体性を受け止めるべきだろう。

であるからこそ、ことばを問うことは、辞書を引いて意味を調べることには終わらない。ことばを問うことは、そのことばを理解し使うひとたちの、その時々の身体のありようにまで考察をおよぼすことである。ことばの意味をとらえるとは、ことばを目には見えない「手」として使い、透明なもうひとつの「皮膚」として感じるひとたちの、身ぶりにまでさかのぼって観察し、その状況の意味を考えることだ。

ことばを考えていくと、文化の広がりを論じ、社会のありようを考察せざるをえなくなるのは、それゆえである。

## 2　ことばは「社会」である

さて、身体性に続けて考えてみたいのは、ことばの社会性である。身体性の考察とは方向を変えながらも、ことばの力を支えているものを掘り下げていくことになる。

ことばという道具は、社会的なものである。

この結論には、おそらく誰も反対しない。

しかし、なぜことばは集団性を胚胎し、社会性を構成しうるのか。

そう正面から問われると、どう説明したらよいものか、ちょっとたじろぐかもしれない。ことばが他者にも共有された社会的なものであることを、われわれはすでに経験として実感してしまっているので、あらためて説明せよといわれると困ってしまう。「不思議で可能性に満ちた」という形容の理由のひとつが、そこにある。

なるほど、この道具は、個々人の身体を越えた集団性、あるいは社会性を胚胎している。しかし、いかなる説明の論理の配置において、ことばは身体的で個人的であると同時に、社会的であるといえるのだろうか。

## 対象との共在

ここでもまた、「道具」という概念の働きの精密な調律《チューニング》が必要になる。そもそも道具とは、ひとつひとつが完結した存在ではない。その意味で「道具」は、物体というよりは、媒体である。

たしかにわれわれが使うひとつひとつの道具は物体として独立し、必要な機能をその形態に内蔵しているかのように思われている。たとえば「斧《おの》」は、石器時代の昔からものを割る道具として使われる。この道具は、頼まれてそれを他人に貸したり、譲ったりすることも自由にできる。それゆえ、効用も価値も意味も、「斧」という物体に内蔵され、それ自体で完結しているかのようにみえる（二八頁 図2－1①）。

しかし、意味を内蔵しているかのように見える有形の道具にしても、他の何かと関係をもたずに存在し、ただひとつだけで自立しているわけではない。すこし考えてみただけで、これが「道具」であると判断され、「道具」としての便利や価値を持つためには、その役立ちかたを支える状況や、他の事物との関係が不可欠である。

たとえば、「対象」の存在である。

手や歯ではとても砕けない殻の固い「木の実」や、燃やせる長さや太さに切断すべき「薪《たきぎ》」や、変わったところでは殺人事件における被害者の「頭」など、石や鉄の「斧」で割られる対象が同時に与えられ、その社会にあるいは現場に配置されていなければならない。道具の持つ「手段」としての本質が、「目的」あるいは「対象」という存在との共在関係を、すでに含みこんでいるからである（同頁 図2－1②）。

**媒体としての道具**

その点では、じつは物が道具としてあらわれるとき、それはすでに「媒体《メディア》」としてであって、孤立した存在ではないのである。

対象との共在だけではない。「手段」として選択できる媒体の複数性も、道具の概念あるいはパースペクティブの設定のなかで、すでに前提にされている。

手段として道具をみるまなざしを、すこし横にずらして見わたせばわかる。「斧《おの》」という道具は、他の道具的なるものとの連携と役割分担のなかで、その特性や効能、すなわち意味を際だたせている。「剃刀《かみそり》」や「メス」や「鋏《はさみ》」で切ろうとは思わないような、堅く大きな物体を、「斧」は切断する対象にする。同じ斧類と考えられているなかでも、大型の「鉞《まさかり》」を持ちだす

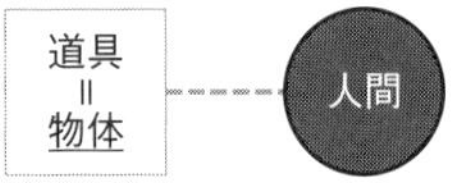


①道具と人間の関係は、完結しているように思われている。

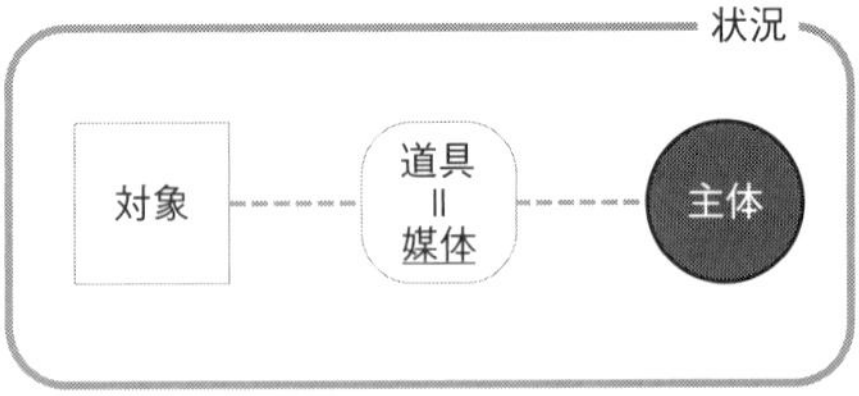


②道具は物体というよりも媒体である。道具の役立ちかたを支える状況として、対象との共在が前提にされている。

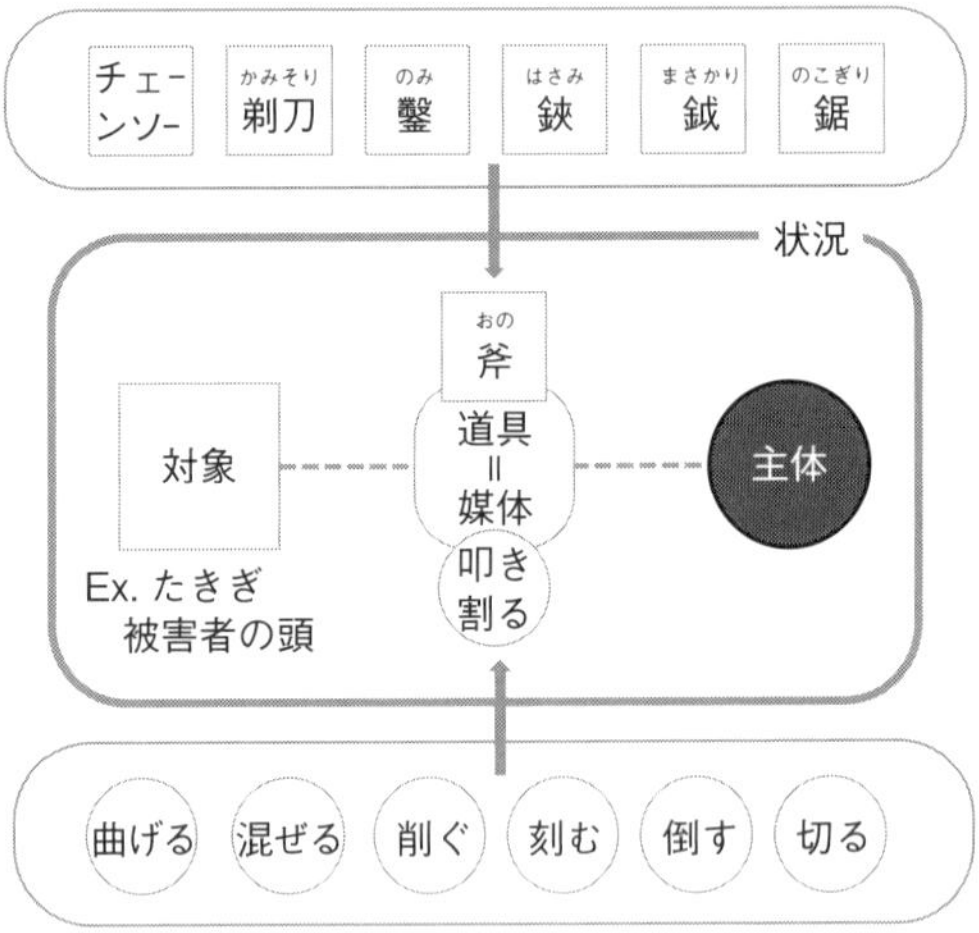


③道具は媒体であり、手段としての複数性を持っている。他のモノや行為やことばとのネットワークのながで、どの意味が規定される。

**2-1　道具と人間の関係**

か、片手で持てる「鉈《なた》」で済ますか、この際、斧類よりも「鋸《のこぎり》」や「チェーンソー」のほうがふさわしいか。その特性や意味の判断は、物それ自体からではなく、物と物との関係の配置から引き出される。つまり、具体的な状況として提示される対象との関係だけでなく、そうしたさまざまな特性を背負った道具類の存在との相互関係のなかで規定されている。つまり「道具」ということばで指示され意味されるものは、さまざまな工夫や変形や取り替えを許す手段の複合体であり、システムとしての柔軟性を持つ（図2－1③）。

ここまでの説明で、明らかになったことは何か。

個体として完結したもののように見えていた物体としての道具もまた、それひとつだけで存在しているわけではないという事実である。おそらく「社会」的といってよい、他の事物との共存の関係性のなかに、その意味ははみ出している。

しかしながら、その意味は目にみえない。すなわち「対象」との関係や、他の「手段」との関係が、目にみえる標識として付着しているわけではない。その分だけ、目にみえる物体としての輪郭のほうが強調される。われわれがそこに見えている物ひとつそれだけで、道具という存在それ自体が完結しているように感じてしまいがちなのは、それゆえである。

これに対して、ことばは現象であり、現象の集合体である。物質とは違って、そもそも目にみえず、現実の手でもつかめない。ことばという存在は、ことばという不思議な、見えない「手」によってしかとらえられない。内蔵する効用も、役割を決めるネットワークの拡がりも、同じく目では見えない現象の水準にある。その存在の認識は徹頭徹尾、ことばの内なる経験として、ひとつの全体として、あるいは関係の複合体として立ちあがらざるをえない。

なぜ「関係の複合体」と表現せざるをえないのか。単語としてのことばのひとつひとつの名づけは、それだけが単独にあっても用をなさないからである。「単語」段階は、いわば赤ん坊の最初の発話のようなものだ。あとであらためて説明するように、ことばはなぜ他者に通じ、役に立つのかというと、つまるところつながりあう意味のネットワークとして、そのまま集団に安定的に共有されたシステムだからである。そして、そのことを実感、すなわち現実に感じることができるのは、人間の身体が、まさにその身体という存在そのままにまるごと、このシステムのなかに織りこまれているからである。

個体としての身体をはみだす、このような社会性を、なぜ道具としてのことばは持つにいたったのだろうか。本章冒頭で提出した問いをくりかえすことになるが、なぜことばは集団性を胚胎し、社会性を構成しうるのか。個々人の身体を越えた集団性、あるいは社会性は、いかに形成されたのか。

ふたたび、ことばの身体性という特質が、その謎を明らかにしてくれる。

### 私の耳は、他者の耳

1章で、最初にあらわれたことばは「声」であって、それは「人間の身体それ自体を素材にして生みだされた道具」であり、「人間の身体の内なる振動」だと説いた。

この表現には、ほんのすこしだけだが入り組んだ奥行きがある。つまり、「内なる振動」と表現すると、ある論点が微妙に見えにくい領域に隠されてしまう。いたずら心もあって、あえて意図的にそのままにしたが、じつは大切な点である。ばくぜんと意味の文字面をたどっただけだと視野の背後に回ってしまって気づきにくい、もうひとつの重要な要素の関与とはなにか。

それは、「耳」の存在である。

「ことば」としての声について「人間の身体の内なる振動」と論じれば、声帯の振動に注意が傾くのがふつうだろう。もちろん、それが重要であるのはまちがいない。声は、たしかに「のど」の振動である。しかもそれは、いわば音楽である。声は、人間の身体を楽器として奏する実演であり、声としてのことばは一種の楽曲である。そう表現することは、ことばのイメージ的な理解に新しい局面を拓くだろう。すなわち、人間という動物は、直立歩行によって伸びた食道を管楽器のように使い、呼気を正確に調節することで声帯のリードを振るわせ、複雑な音符で構成され豊かな音色を持つ旋律のような「曲」としてのことばを生みだしている、というわけである。

しかし私がここでいう「人間の身体の内なる振動」は、自分の身体による声の演奏だけを意味しない。もうひとつの重要な、しかも欠くべからざる身体器官の振動として、耳の「共鳴」がある。これも声と同じく、身体内部の振動である。そのもうひとつの振動を重ねあわせないと、この身体へのまなざしは一面的で部分的で、ひどく個体的なものになってしまう。

つまり、ここでの「耳」の存在形態が、すでにして二重である。

複数の耳が同時に振動し、ひとつの声に共鳴している。

すなわち、「声」の宛先の身体となる「他者の耳」がそこにあるとともに、「声」の発信元の身体である「自分の耳」もまた共にある。二つの耳が共にあって、そのとき発せられたひとつの声を、同時に聞いている。この二つの身体が、まさしく共鳴して二重写しに「意味」をたちあげるところに、ことばの持つ集団性・社会性、あるいは間＝身体性の原点がある。

## 水のなかでの聴覚の誕生

ここまで書いてきて、ずいぶんと昔にながめた科学の啓蒙書が、耳という器官の原型は魚類あたりから明らかになると説いていたのを、突然ながら思いだした。さっそく書棚に行って、ほこりをかぶった片隅から、たしかこれではなかったかなと思う、赤い表紙の一冊を引き出してみた。

「ライフ・サイエンス・ライブラリー」というシリーズの『音と聴覚の話』［タイム社ライフ編集部　一九六九］で、「聴覚は、進化の歴史のうえではどちらかといえば遅れて」現れてきた感覚だと書いてある。その説明によると、身体の平衡を保つためのセンサーの役割を果たす器官と、魚の体内にあって身体を浮かせる働きをする風船のような「浮き袋」との連携のなかで、はじめて動物の身体に「耳」と呼べるような能力が生まれてくるらしい。

浮き袋は音波の圧力の変化につれて、収縮と膨張を繰り返し、魚の体内のまわりの液をたえず乱します。その液の運動が魚の内耳の感覚細胞を刺激して、ふつうの意味での聴覚を生じさせるのです。〔前掲書：五二〕

この書物によると、耳という装置は、背骨を持つにいたった最初の魚の平衡器官から発達した。三億年ほど前の海を泳いでいたカブトウオの仲間や、原始的な特徴を残すメクラウナギに始まるという。その段階では、ごく低い振動数の音を多少感じるというだけで、今日でいう「聴覚」とまではいえなかった、と考えられているのだそうだ。

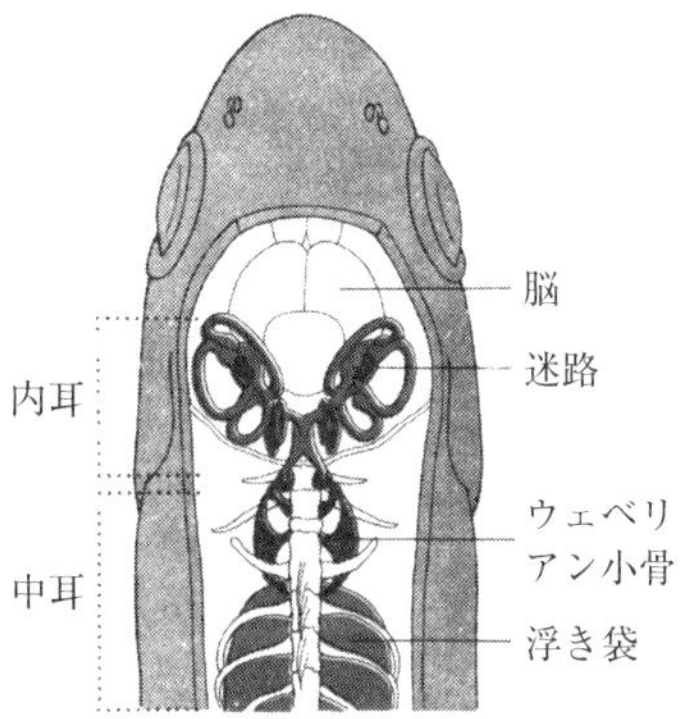


**2−2　魚の聴覚**
水中の振動は浮き袋で拾いあげられ、四つの小骨を通じて内耳に伝えられ、そこで迷路を満たしている液を揺らす。迷路の敏感な有毛細胞が振動を感知し、その刺激信号を脳に伝える。
（出典：『音と聴覚の話』p.100）

やがて浮き袋の振動を、小さな骨の組み合わせを通じて内耳に伝え、複雑に入り込んだ「迷路」の内の有毛細胞が音として感じるしくみが、魚のなかで発達していく。なるほど、自らの身体を支える外部環境としての水の動きを、内部で受け止めて共鳴する増幅器の役割を、浮き袋は果たしたのだろう。これらの生物は、皮膚のような外膜を含めた身体全体において、新しい感覚である「聴覚」を立ちあげている。もちろん振動を通して気配をとらえるというていどの聴覚であって、音の精細な分節化が必要であったというわけではなさそうである。

## 空気の海に浮かぶ身体

海の底を這いまわる魚にとって、水中への浮上は、まったく新しい自由であった。そして浮き袋は、その自由のための装備である。水中に浮かんで動きまわる、その新しい身ぶりを支えるものとして、脊椎動物としての体勢を保つ構造としての背骨があり、骨格という構造を持つ身体の平衡を感受し判断する器官が、聴覚の原初的な発生を構成している、という。

水という環境のなかではあるが、身体の平衡を保つために発達してきたセンサー器官という性格は、人間の耳の持つ体勢維持のしくみとも共通している。平衡を保つセンサーのしくみと聴覚の形成との意外な呼応も、直立歩行を重視する進化論を読んだあとからみると、どこか必然的なものであったかのように思えて、さらに面白い。

しかし、ほんとうに鋭敏な聴覚が生まれてきたのは、水よりも音の伝播力が弱い空気のなかで、動物が生活するようになってからです。［前掲書：五一］

「水」の環境にくらべて、「空気」は抵抗力が少ない。分子同士の結合が弱く、それゆえに動かされやすい。

身体の側からすると、動かされやすいとは、それによってあまり強くは支えられていないということである。だからこそ、すでに述べてきたように、自らの足で立つ自立が必要である。自らの身体の重みを、骨と筋肉で組織された内的な構造を通じて支え、その体勢の平衡を精妙に調整するメカニズムを発達させざるをえない。力学的に安定した四本足の体勢よりも、不安定な二本足歩行のほうが、その調整メカニズムは複雑で高度なものとならざるをえない。

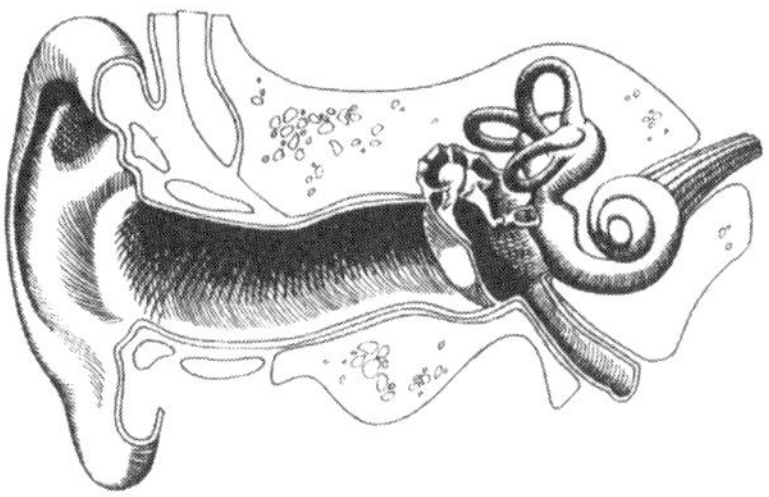

**2-3　人間の聴覚**
耳殻は音を集めて耳道に届け、耳道は音波を圧縮して鼓膜へ伝える。鼓膜の振動は、三つの耳小骨で増幅されて内耳に圧力として伝えられ、蝸牛管とコルチ器官を介して、脳に刺激を届ける。魚と人間の耳の構造は、多くの類似点をもっている。（出典：『音と聴覚の話』p.61-65）

視点を変えてみると、人間という生物は、いわば空気の海の底に住む魚のような存在だった

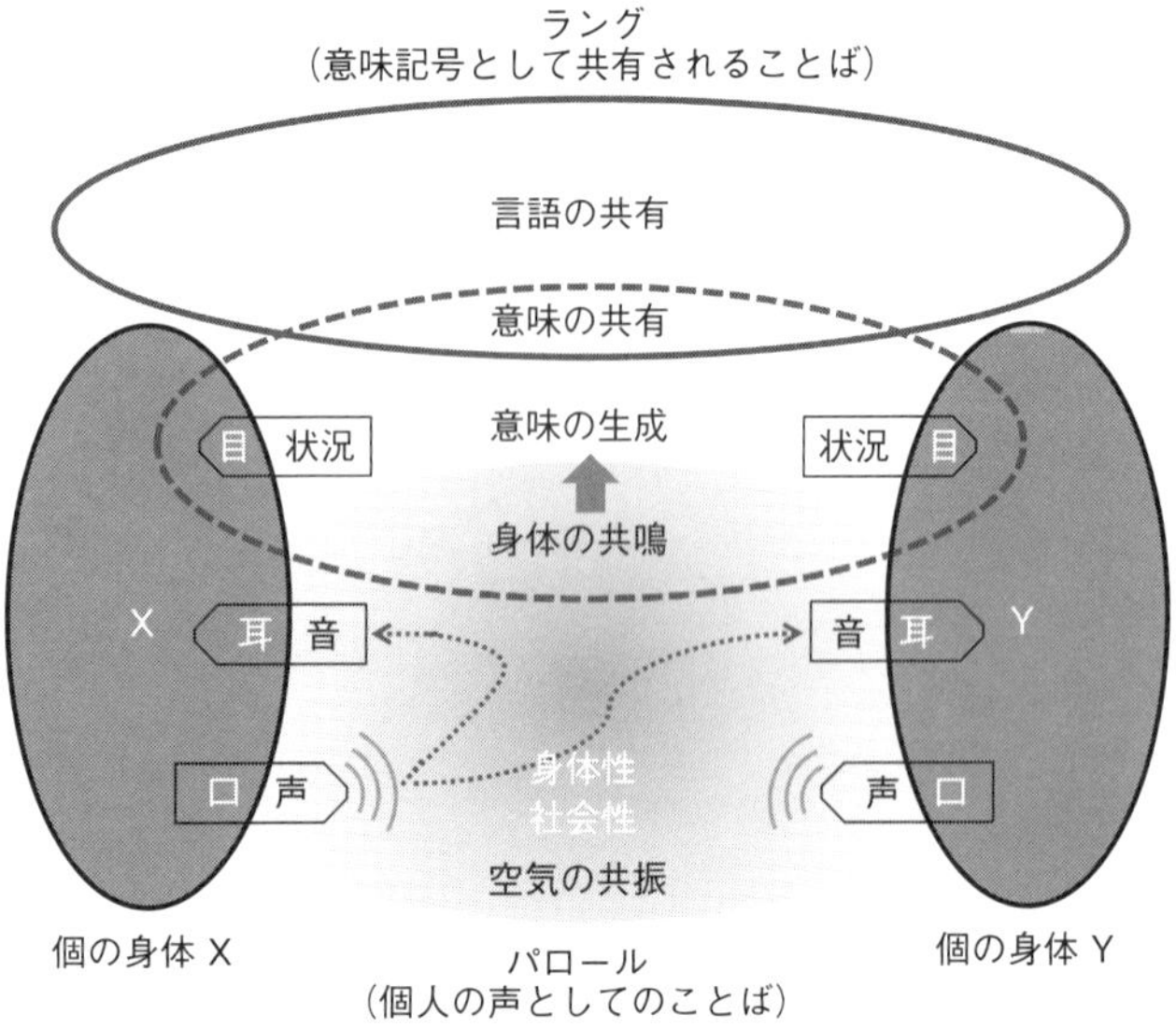


**2-4　声による言語の形成の模式図**

最初に身体の共鳴があった。その状況のなかから意味が生成し、共有され、言語が内面化されていく。

のである。浮力が希薄で、音が伝わりにくい「空気」によって満たされた、「海」のような場所の底に、その身体を漂わせている。

「声」としてのことばはまさに、その新たな生息の環境である「空気」を動かすことによって、「耳」を持つ身体と身体とを共鳴させる技法であった。ことばの社会性の基盤も、まさにそこにある。すなわちことばは、意味記号としての共有の実現以前に、すでに現象としての社会性をそなえていたのである。その時の社会性とは、同じ空間を共有している他者を巻き込む、空気の振動である。

その集団の成員に「ことば」の意味が共有されていて通じるから、声としてのことばに社会性が生まれているのではない。

「耳」にとどく「声」の、ことばとしての振動という現象それ自体が、すでに身体的であると同時に、社会的だったのである。

## 3　ことばは「空間」である

　もちろん、ここで使われている「社会的」の「社会」の意味も調整を必要とする。その位置と内容とを指定しておくことが必要だろう。これまで言及してきた他のさまざまな基本概念と同じく、あらためての位置確認は欠かせない。

　この「社会」は、ひとつの価値や規範を共有することによって、統合された形態を有する組織のことではない。つまり、たとえば「社会契約」という思想史的な仮説を直接には含んでいない。政治哲学者のホッブスは、「万人は万人に対してオオカミである」という闘争の「自然状態」すなわち生存競争を人間理解の基礎にすえ、その矛盾を調停し克服する仕組みとしての「社会契約」を、社会の理解と国家の存立の原点に置いた。しかし、私がいまここで使った

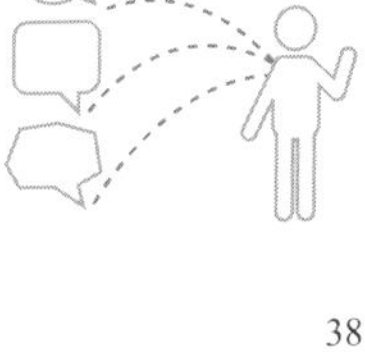

「社会」は、そうした論理やメカニズムや特定のコンテクストを含意するものではない。もっぱら「空間」を共有しているという、現象レベルでの具体的な共在状態を率直かつ単純に指しているだけである。

であればこそ、それは観察の対象となる。

**意味するところの分裂**

すなわちこの「社会」は、単一の存在としての一致と共同とを、いつでも生みだすわけではない。そこに、人間界の繊細な困難がある。

人びとの暮らしのリアリティは、近づいて見れば、集団的で相互扶助的な共存の相貌をもって立ちあらわれる。しかしながら、すこし距離をとって見わたすと、それぞれの集団はどこかでまったく交流を持たず、無関係に分立していることにも気づく。社会と呼べる関係もまた、近隣のコミュニティから国家を越える広がりまで多層化し、ときに深刻なる亀裂をはらみ、分裂といってよいほどにそれぞれが対立してしまうことすらある。

原理的には同一の空気の振動を間にはさんだ身体の共鳴でありながら、常に幸福な共存を期待できない理由もそこにある。声としてのことばの意味は、身近で具体的であるはずの集団において分裂しやすい。「バベルの塔」の神話を持ちだすまでもない。じっさい今日の世界の人間のことばは、耳で音としてとらえられても身体ですぐには理解できない、多様な言語に分かれてしまっている。現象としては身体の共振にもとづく「ことば」は、いつも合意と統合と理解と和解の共感ばかりを生みだすものではなかった。そのことは、動かしがたい事実であり、眼前の現実である。

そこにいたると、もういちど「不思議で可能性に満ちた道具だ」という表現にもどって、この「可能性」に、「危うさ」すなわち「危険性」の影を加えなければならなくなる。分裂や抗争の危険性であり、相互理解を壊し、不信や疑心暗鬼の邪推を生みだす、マイナスの可能性である。誤った意味や、ズレた理解、あるいは誤認や不信の生成といった問題もまた、道具としての「ことば」のコミュニケーションの力を考える論点として無視できない重要性を有する。すこし切り口を変え、「翻訳」を題材に、この言語空間の分裂と調整の問題を考えていこう。

## 「翻訳」という変換と転写

翻訳という漢語は、思いのほか古い時代に、すでに作られていた熟語のようだ。『翻訳名義《みょうぎ》集』という題名の宋時代の中国で一一四三年に成った書物があるらしい。仏典に現れた梵語（サンスクリット）の単語二〇〇〇余りを漢語に訳して解説したものだというが、その「翻訳」は、いまわれわれが日常会話において使っている語感とあまり離れていない。

「翻訳」するということは、外国語で書かれた文学作品や学術書などを、日本語に変換することだと、一般には考えられている。また比較的新しい用法なのだろうが、生物学では、遺伝情報の伝達を担うタンパク質の合成において、メッセンジャーRNAの塩基配列を感知し、その情報に対応するアミノ酸を選んでペプチドの鎖を合成するプロセスを、普通に「翻訳」というのだそうだ。

「ある言語で書かれたことばを、対応する特定のことばに書きかえること」と一般化してみると、なるほど梵語と漢語との変換辞書の作成も、細胞内の遺伝情報の転写のメカニズムも、翻訳である。

## 「意味」のフィードバック

しかしながら、この対応することばへの実体的な変換・転写というだけの翻訳の理解では、人間の「ことば」の道具としての力の大切なところが、これまたどこかで見失われてしまう。

その大切なところとは何か。すこし先回りして論じてしまうと、そのつどのフィードバックによって生みだされるその場での調整であり、それを可能にする、すでに使われていることばの厚い積み重ねの存在である。

何のフィードバックか。

ことばの意味のフィードバックであり、その位置や範囲の調整である。

それは身体と身体の共振が立ちあげる「意味すること」という動詞形の現象の調整であり、声の身体性と社会性の調整でもある。

翻訳が、ことばの変換あるいは言い換えの実践であることは事実である。しかしその現象を、「意味をそのまま移しかえる」あるいは「転写する」、と理解するのは、いま述べたようにいささか窮屈だ。意味は、名詞形の存在ではない。それよりも、読む者に「わかったという感覚を与える」こと、と動詞形で考えるほうがよい。理解したという経験を、相手に生みだすことである。そう考えると、「翻訳」から見える風景が違ってくる。そこでの翻訳は、「わからないことば」で書かれたり話されたりしていて理解できないことを、常日ごろ使いなれ使いこなしていて身体的に「わかることば」に直すという経験の創造を指すこととなる。

これはほんのすこし、現象を見る位置をずらしただけだが、じつは思いのほか、ことばの本質に迫るような問いかけと隣接している。

## 「わかる」とはなにか

立ち止まって問い直してみよう。「ことばでわかる」とは、人間にとってどういう経験なのか。

たとえば、理屈でわかる（「頭で理解する」）と、心でわかる（「腑に落ちる」）。

その二つの「わかる」ことは、同じなのか違うのか。

そして「英語でわかる」と、「日本語でわかる」。

この二つの「わかる」は、果たしてイコールの記号で結べるものなのだろうか。

ここで問おうとしていることは、言葉尻のあげ足とりではない。ましてや答えるつもりのない問いかけへの開きなおりでもない。ことばの身体性、すなわちもうひとつの皮膚としてのことばにかかわる問題提起である。「直訳」とか「逐語訳」が、あまり褒められた翻訳でないのも、この「わかる」の、肌ざわりとしての微妙さが密接にかかわっている。

単語を並べるだけでなく、こなれた日本語にしなくては、よい訳とはいえないばかりか、じつは正確な理解でないのだと教えられた。たしかにことばの意味は、そのことばの中心に、梅干しの種のように鎮座しているものではない。だからその「意味」だけを取り出して、ひとつひとつを別な言語に移しかえて足し合わせれば、全体として翻訳ができあがるというわけにはいかない。自動翻訳ソフトによる文章の未熟さも、まさにそのあたりにある。

## 「位置」としての意味

ことばの意味は、たとえていえば、果実の中心にある存在としての「種」や「核」よりは、網《ネット》の「結び目」のようなものである。

機能のイメージとしても、魚や鳥を捕らえるための網や、蜘蛛の巣の構造をなす糸の「結び目」のほうが近い。結び目は、ネットワークの「目」「節」の形をなす部分であると同時に、他との「結び」「絡み」のつながりによって全体を支えている。

すなわち、そのことばの「位置」と他のことばとの「つながり」とが、ことばに道具として役立つ「意味」を与えている。

さきほど論じた「斧《おの》」と「剃刀《かみそり》」と「鋏《はさみ》」と「鉞《まさかり》」と「鉈《なた》」と「のこぎり」と「チェーンソー」といった複数の存在の配置のうえで現れる、道具としての適切さは、その意味のネットワーク的な特性のごくごく部分的な一例である。言語空間のなかでのそのことばの記号としての「位置」が、意味を担う。だから翻訳は、じつはこのようなネットワークの空間そのものを編みなおし、配置しなおすような作業を含みこむ。

そうだとすると、「英語でわかる」ことと、「ロシア語でわかる」ことと、「日本語でわかる」こととは同じことなのかという、いっけん懐疑論的で、哲学的で、不可知論を懐に忍ばせた「開きなおり」の言いがかりのように見える問いが、じつはきわめて現実的で、実際的なネットワークの機能の差異を確かめようとしているものとしても解釈できることがわかる。単語を対応させるだけではなく、ネットワークそのものを写しだし位置あわせしなければならない。だからこそ、「わかること」の測りかたも生みだしかたもむずかしい。しかしながらじつのところ、アラビア語（もちろんどんな言語を挙げてもいいのだが）でなら苦労せず直截に表現できて「わかる」ことを、日本語で言おうとすると、何よりも適切な道具が足りなくて苦労するということが、きっとある。

確認すべきは、今そこにある、ことばの在庫はひどく不完全だという事実である。個人の経験や記憶としてはもちろん、社会の持ち合わせとしても、不十分である。品切れというか未開発というか、賞味期限切れで使いものにならないことばも多くて、別な言語からの輸入品を含めても、当面の必要に間に合わないということがある。

だから、人びとはその場において、新しい表現や句法を生みださざるをえないのである。

## ネットワークの迂回路をたどって

これも余談だが、ついさっき感じた「在庫」への不満を挙げておく。1章「ことばは「身体」である」で、人間の声の言語性について、

> これまでの脊椎動物の「ことば」以前の段階での「鳴く」「叫ぶ」「吠える」「いななく」「うめく」「うなる」「さえずる」といったそれぞれの身体に固有の音波の発生とは、まったく水準の異なる高度な道具性を有していた。複雑な包含・差異の関係秩序をもち、明確で、安定的な記号性をそなえた「声」によって、人間は音でしかない現象に言語といってよい体系性を発達させたからである。［本書：一六］

という文章を書いた。書きながら、適切で効果を有することばが足りないと感じた。もっとシンプルに特質を集約した単語を提示したかった。しかたがないので、ありあわせの動詞を集めて並べ、説明を工夫したのだが、ほんとうは動物の口から出る音と、人間の口から発せられる

声とを、一言で明確に対比させて、

これまでの脊椎動物の段階での「□□」とは異なる、安定的な記号性をそなえた「声」による言語を発達させたからである。

とすっきり断定したかった。しかし「□□」の空欄を、それにふさわしい単語で埋められなかったのである。すぐに思いつくのは「鳴き声」だが、すでにこの単語自体に「声」の文字が含まれていて、その概念が遡及的に映り込んでしまっている。それゆえ対比が鈍くなるような気がして、ぴったりとあてはまるとは思えなかった。

辞書を引いてみたが、うまいことばが探しだせない。

古語ならば、たぶん「音《ね》」が私の指し示したい意味範囲を比較的広く覆っていそうである。しかし、和歌俳句といった詩歌表現の領域はいざしらず、日常的にはすでにことばとして流通していない。現代人はまず、この漢字を「ね」とは思わず、たぶん「おと」と読んで、小動物が藪のなかをガサゴソと動き回る気配や、ゴリラのドラミングまで含めるだろう。

フリガナで「ね」と読みを補助したとしても、ここでの目的には不十分だと思う。この語は聞こえてきた音を「信《たより》」として聞きなす人間の側からの意味づけが強く、読者がそこに、動物の発声行為一般を思い起こしてくれるかどうかが保証できないからである。さらに疑えば、古文としての「音《ね》」の意味の伝統的な蓄積が、サルの叫び声や犬の遠吠えやイルカの記号発信まで含められるものであったかは心もとない。人間を除いた残りの脊椎動物の発声のすべてを、ひっくるめて論じたり考えたりする必要がなかったから、あてはまることばも発達しなかった、そう考えれば無理もない。世界を広く見渡すならば、この要求をあざやかに満たしてくれる特定の用語・語句を持つ言語もあるかもしれない。けれども日本語のなかで感じ考え、適切な語を探している私には、ジグソーパズルの空白にあてはまってふさわしいと感じられる、ことばのピースが見つからなかった。

にもかかわらず、である。

他のことばを組み合わせれば、目指すべき位置が表現できる。すなわち単語としてぴったりとあてはまる道具がなくても、言いたかったことが存在する場所と意味範囲とを、なんとか指定できる。すこし回りくどく感じたとしても、言いたいことを別なかたちでたどれるのは、じつはネットワークとしてのことばの特質であり、道具として優れた点である。

寄り道終わり。「翻訳」について考えてきた本論の流れにもどる。

## 異文化としての分裂

ことばによって「わかる」ことの困難は、じつは同じ日本語の内側にもあふれている。だから「翻訳」の苦労は、外国語との「国境」をはさんだ伝達ばかりではない。

日常の「耳」や「目」が向かいあう「わからなさ」は、世代の壁だったり、業界の違いだったり、ジャンルの分断だったり、さまざまだろう。週刊誌の記事だけでなく、新書のタイトルなどでも見かけるようになった「KY（空気が読めない人）」はアルファベット表示ながら、じつは国産の隠語だった。「ドキュン（DQN）」「ガテン系」「ツンデレ」などという、ある時期に流行った若者語彙は、まだほとんどが国語辞典には載っていない。これから掲載されるかどうかも、わからない。わずかな文法の知識であっても、それをたのんで辞書と取り組めば見当がつく外国語と、はたしてどちらが厄介か。

だから2章で述べた、集団の「分立」や社会の「多層化」あるいは「深刻なる亀裂」や「対立」ゆえに「声の意味は分裂しやすい」という危険性は、いわゆる「翻訳」の国境周辺だけに生まれるものではない。ことばによるコミュニケーションという現象のすべての領域に普遍的にひそんでいる。

もういちど、ことばの意味は「結び目」であり「ネットワーク」である、という理解に立ち戻って、ことばが背負っている空間性と意味との関係を考えておきたい。

結び目という特質は、すでに論じたように、「翻訳」における一定の困難を呼びよせるだろう。それは意味の空間、すなわち「ネットワーク」そのものを、移しかえなければならないという課題であり、困難である。

その全体配置をうまく転写しなければ、「わかる」という経験を手渡すことはできない。つまり「わかる」を支えている、厚みのある了解の効果が立ちあらわれない。そこに現実の「翻訳」というコミュニケーションの難しさがあり、そこにおいて無視できない分裂や、新たな説明に回収できない差異が生まれる。

**面白さの奥行き**

「ドキュン」を「常識に欠けている人」と言い換え、「ガテン系」を「土木建築、運転、調理など技術職や肉体労働に従事する人」と説明し直すことはできる。そうしたところで、もともとの語の使いかたが面白がられ、気の利いた表現だと受けとめられた文脈（コンテクスト）や状況までを移しかえているわけではない。

詳しくはないが、一方は人生実話相談、あるいはその状況の悲惨さの暴露を面白がるようなテレビ番組の名前に由来し、他方は一九九〇年代に創刊された特色ある就職情報誌名から来ている、という。その番組を見かけたことがあったり、情報誌を覗いたりしたことがあって、このことばが背負っている雰囲気を実感で補えるなら、聞いただけでも、その表現の持つ巧みさや、ひねりとしての工夫がわかるのかもしれない。逆に、その雰囲気に乗れないなら、少しも理解できない。たとえおおよその説明的な言い換えを、世の物知り訳知りが意味として教えてくれたとしても、誠実で用心深い話し手ならば、たぶん自分で声に出して使おうという気分にはならないだろう。

「ツンデレ」にいたっては、ロールプレイングゲームのヒロインのタイプや行動に対する最小限の関心や知識や経験がないと、すでに聞くこと自体において実感がついていけない。この奇妙なことばが持ちだされた「恋愛ゲーム」の状況設定そのものに、経験的な想像力が追いついていかなければ、ことばの意味だけを熱心に説明されたとしても共鳴できそうにない。

ことばの経験もまた、いつも単語単位では完結しない。どこか世界の見かたや感じかたそれ自体を背負っている。だから言い換えとしての説明には、意味のネットワークそのものを移して伝えざるをえないような奥行きが求められる。

つまり、道具としてのことばは、その存在形態それ自体が、じつは空間的なのである。

## 伝達中心主義における身体性の隔離

「結び目」「ネットワーク」「フィードバック」「積み重ね」等々のイメージの有効性は、まさにこの道具としてのことばが持つ空間性と深く結びついている。

「翻訳」は「ことばの置き換え」ではなく、「ことばでわかる」という経験の創出であった。その点で、これまで「コミュニケーション」の一般的理解の中心に置かれていた「伝達」の理想と、その結果において重なりあう。

しかし、「コミュニケーション」の概念それ自体にも、二〇世紀のマスメディアの発達とともに顕著となった、伝達中心主義的な「偏《かたよ》り」が映しこまれている。「伝達」の機能を、転写に近い機械性においてイメージしてしまう。その歴史性のもとで、しばしば「それぞれの理解の創出」という「コミュニケーション」の意味する範囲や働きがゆがめられている。

そのことには、あらためての注意が必要だ。

たとえば近代日本語の「コミュニケーション」は、当初マスメディアの社会性に重心を置いたがゆえに、ひとりひとりの身体性を隔離してしまう傾きが生まれた。「内的コミュニケーション」という別な用語を付け加えて、はじめて身体的な思考を媒介する回路に気づくなど、その偏りのあらわれである。

対象を明確に見すえるために、「ことば」が背負うにいたった意味の歴史的な効果を、あえて切断してみることが必要な場合がある。

すでにわれわれは、ことばという道具の「歴史性」を論ずるべき場所にさしかかっている。

# 4　ことばは「歴史」である

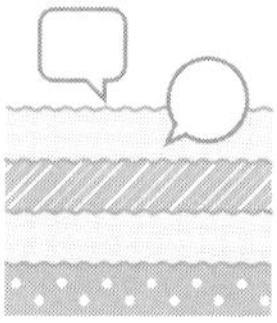

ことばは身体的な道具であり、社会性・空間性を持つ現在的な現象である。

現在的な声の共鳴現象であるはずのことばが、歴史的な性質を持つとはどういうことか。

この無形の道具のなかには、忘れられた意味までもが刻みこまれている。つまりネットワークの結び目に、あるいはそのことばの意味空間に、現在では感じにくくなった意味の力もまた、織りこまれていて、ある奥行きをあたえている。

それが、ここで論じてみたい歴史性である。

## 声の忘れられた蓄積

道具としてのことばの持つ歴史性は、人間が「文字」という記録手段を持って以降、さらに明確に実感できるようになった。しかしながら、ここで論じようとする歴史性は、文字の発明と普及以後に始まるわけではない。声という現象それ自体が、時間性を内包している。すなわち区切られた音の分節が順序をもって連なることで、ひとまとまりの意味を作り出している、声という現象の原点も忘れてはなるまい。そして、声による「ことば」の「演奏」がくりかえされ、その時間の経験が集合的に積み重なることで、言語という情報処理システムが人間と社会とにインストールされた。すなわち、ことばは意味を保有する安定した記号の体系として、声の空間において現象し、参照できる経験として積み重なっていった。

だから、ことばは幾重にも「時間の厚み」を背負っている。

第一に、声による身体の共振それ自体が、すでに現象すなわちできごとの時間をともなっている。もちろん、そこで生みだされている時間は、その本質において、現在的なるものである。「今ここでの共振」が現在的なものであるからこそ、身体的かつ社会的な共在が保証される。声の持つ現在性は、ことばの力の根源として大切である。いまなお西欧を含めたいくつもの社会に残っている、法や契約や誓いが読み上げられ、声で宣言されてはじめて実効性を承認されるという感覚は、このことばの力の現在性に根拠を持つものだろう。

しかしながら第二に、そこで現前する力を支えている意味のネットワークそれ自体は、すでに存在することばの経験的な集合である。すなわち、意味の「結び目」のなかに、経験の蓄積としての歴史的なるものが織り込まれている。この前提条件として現われる目にみえない歴史性を、目にみえる形で視覚的に残すことになったのが、文字というテクノロジーであった。

声のなかに潜む現在性と文字によって可視化された歴史性の重層それ自体が、ことばの歴史性というテーマのもとで論じなければならない、大きな主題のひとつである。そして考えるべき領域には、異なる二つの歴史性がまじりあっている。

ことばの意味の「内なる歴史性」と「外なる歴史性」である。

この二つは深く関連し作用しあっているが、人間の経験として、相対的に自律している。

### 意味の地層としての歴史性

まず、ことばの意味の内なる歴史性から、押さえていこう。

われわれはときどき、ことばの意味が社会的に変化してしまったことに、突然のように気づく。意味の中心がずれて、別な場所に移動してしまった、と感じる。あるいは、そのことに驚く。そのとき、われわれの身体は、ことばの意味の内側にある歴史性に触れている。

例を挙げてみよう。

「やばい」という、あまり上品とはいえない形容詞がある。

慣習的には危険な事態を指し、感心できないことをあらわすために使われた。そのように不都合に光をあてて否定的な文脈でのみ、このことばを使ってきた年長世代にとって、「このスウィーツ、やばい」という表現は、どこか奇妙に聞こえるのだが、意味がわからないわけでもないとも感じるだろう。

しかし残念ながら、その菓子がもう賞味期限を過ぎてダメになって、食べると危ないのか、という理解であれば、それはまちがっている。「やばいよね」「うん、やばい、やばい」とやけに楽しそうに盛り上がっている、そんな光景をなんだか不思議には思っても、すでに若者ではない世代が頭に思い浮かべる「やばい」の最初のイメージは、おそらく腹下しの危険である。

ところが、聞こえてきた表現に込められていた新しい意味は、「このデザートは意外にもたいへんおいしい」という感嘆である。わかったかのように思えた意味は、まったくズレていたわけだ。息子が電話口で言った「前回のテストが返ってきたけれど、やばいよ～」という表現は、成績が予想外によかったという前向きの報告であった。ところが親は成績が悪くて危ないと告げられたと思って、家に帰ってきた当人に「次にがんばればいいんじゃないか」となぐさめたつもりが、変な顔をされる事態も、同じタイプのズレだろう。

いつのまにか、「やばい」は、想定していなかった「すばらしい」ことを賞賛することばになった。調べてみたわけではないから印象にすぎないが、おそらく一九九〇年代以降の、ごく最近ではないだろうか。「やばい」というひとつのことばのなかで、意味の相対的な位置がすでに移動してしまった。その歴史が「ことば」それ自体にきざみこまれている。

## 動きの力を利用した逆転

「やばい」の反転のように、否定と肯定とが逆転して、かえって強調の意味をそえるようになった例は、それほどめずらしいことではない。日本語の空間において、歴史的には何度も、また幾重にもくりかえされた。

こうした副詞や形容詞の逆転による変容も、ことばのネットワークとしての特性と、たぶん深く関連しているように思う。意味がネットワーク上の「位置」のようなものであれば、その結びつきを逆にたどろうと、位置関係それ自体は変わらないともいえる。むしろ慣れすぎて新鮮味がなくなった意味のつながりを、逆にひねって活性化させ、力を回復させる、お決まりの技法だったのかもしれない。

そういえば、普通でなく優れている、とほめる形容詞「すばらしい」にも、どこかで方向性の逆転があったようだ。古語辞典で調べると、江戸時代の用法には「ひどい」「とんでもない」という、良くない意味で載っている。感嘆とともに使われる「すごい」も、ふりかえってよくみると否定と肯定の意味を、共存させている。古くは寒さに始まって、ぞっとするほど恐ろしく感じる、もの淋しい状況をあらわした、という。おそらく身体感覚を支点にした同様の「逆転」「反転」のような転換を、いつの時代にであろうか、経験しているのである。

「全然」という副詞が、打ち消しで使い慣れた否定の役割から飛び出して、「全然うれしい」という強い肯定の用法で広く使われるようになった。その事実も、同じような変化として、われわれの記憶にあたらしい。

「全然うれしい」という表現は、もうずいぶんとくりかえして聞いたので慣れたが、そう言われ始めたときは、なにか耳にひっかかって、笑い出したい気分をともなった。たぶん「とてももうれしい」という孫たちの応答を聞いて、面白そうに高笑いしたに違いない江戸時代生まれの老人たちの当惑と、ほとんど同じ気分だったのではないだろうか〔柳田国男　一九五八：一九八：二一九－二二三〕。

「全然」も「とても」も、ある集団のなかでは普通に打ち消しの「ない」をともなって、はじめて結びとして落ち着くことができる表現であった。その意味を強める勢いだけが、新しい肯定の結合においても流用されたわけだ。方向が一八〇度異なることは、やがて気にもされなくなり、「とてもうれしい」の奇異さは、辞書を引いてはじめて気づくほどの違和感になってしまった。

ことばの持つ意味の歴史的な厚みには、ふだんはあまり意識していない変化もまた、刻みこまれたままに忘れられている。

## 意味の薄さ thinness と厚さ thickness

力の方向性だけではない。ことばには、現在の表層からは見えにくくなっている意味の、いわば「厚み」がそれぞれにあって、その歴史性の薄さや厚さが、ひとつひとつのことばにも微妙な味わいのちがいを生みだしている。

「理屈」と「論理」とのあいだに横たわる違いは、その印象的な一例である。

この二つの名詞形の概念のなかに刻みこまれた力は、微妙だが明らかに異なる。その味わいの違いは、それぞれのことばの道具としての「歴史性」に根ざしている。以前にも別なところで論じたことがあるので［佐藤健二 二〇〇五］、簡単にその分析結果だけを述べておく。

① まず「論理」は、logic の翻訳語として工夫された新語であった。明治の初めに、おそらく紙のうえの文字の組み合わせとして発明された。新たに西洋から輸入された哲学の専門用語として、あまり日常では使われないまま、他のことばと結びつく機会も少なかった。つまりは、声によって使い回されて、いわば活用形や熟語を生みだすにはいたらず、文の世界において孤立した、堅苦しいままの翻訳語として定着した。

② これに対して、「理屈」はすでに江戸近世にさかのぼって、さかんに用いられていた。「道理」「無理」「義理」「条理」等々の「理」の活用形というか、熟語のひとつとして使われていたという由来を持つ。それゆえに、「屁理屈」「理屈っぽい」「理屈詰め（理詰め）」「理屈倒れ」等々、他のことばとつながっての豊富な使いならしをすでに生みだしている。

その一方において、われわれはまだ「屁論理」も「論理っぽい」も、受容しうることばとしては生みだしていない。他のことばとつながって活用形を社会的に生みだすかどうかは、ことばの意味の厚みの現状を考えるとき、ひとつの指標である。

③「理屈」がときに「理窟」と表記されることがあるのも面白い。「窟」は、洞窟という語に明らかなように、行き止まりの穴ぐらであり、魔窟やアヘン窟のように見通しにくい恐ろしいような空間に用いられる文字だからである。「理屈」の語感には、塞《ふさ》がる、詰まる、という身動きの不自由が織りこまれている。声としての「リクツ」の「クツ」は、あるいは「窮屈」「鬱屈」「偏屈」「退屈」の、曲がりゆがみや行き止まりの感覚とひびきあう語感を、聞き手の印象に加えるものではなかったか。そうした音として蓄積したことばのひびきあう意味が、このことばの活用に、ある方向性を与えている。

④すなわち、「理屈」の語の歴史性には、使い手が込めてきた微妙な批評が刻みこまれている。「論理」は、いまのところまだ無色透明である。それに比較して「理屈」には、その無理をたしなめ、執着をからかい、原理主義をあやぶむ、冷めた批評に染められている。思いがけない理由を、ことばの「技」としてつなげてみせる巧妙な技術に拍手しつつも、それだけでは行き詰まってしまう無理を、ゆがみや偏りとして笑う。そのような距離において、このことばは使われているのである。

そこに、この二つのことばを分ける、歴史性の形態の違いがある。

しかしながら、われわれは、このような微妙なことばの味わいの違いを、機能として意識し十分に使いこなしているだろうか。

それは、「不思議で可能性に満ちた無形の道具」を考えるとき、あらためて問われてよい問題である。むしろ、無意識なままに使っているだけか、使い分ける機会がないまま忘れていることが多い。そして辞書を調べてみて初めてそうかと、あらためて思うような状態にいる。

そこには、日常生活が忘却の向こうに追いやっている、ことばの歴史性がひそんでいる。

## 翻訳の内なる歴史性

もうひとつ、道具としてのことばの「歴史性」を物語る別な事例を挙げておこう。それは「論理」と同じように、明治初期に工夫された新しい名詞の群れである。これは、さきほど論じた「翻訳」の問題ともつながっている。

明治維新前後の日本は、ことばの歴史から考えると、国内外から押しよせる「未知」すなわち「わからなさ」と、ことばが向かいあわざるをえない時代であった。多くの珍しい事物とともに、さまざまな思想や異なった視点もまた流入してきて、そこに新たな名前を付けなければならなかったからである。

今日もわれわれが道具として使っている、「哲学」「社会」「個人」など、数多くの語彙が、この時代に新語として生まれていく。たぶん「テツガク」にせよ「シャカイ」や「コジン」にせよ、耳で聞いただけでは、まったく意味がとれなかっただろう。用いられた文字を紙のうえで見て、漢字から意味のありかを探る。そうした訓練の、身についたもちあわせを動員して、こんなことを指すのではないかと想像したに違いない。

今も使われている多くの漢字熟語が、二つの文字の組み合わせでできているのは、偶然に成り立った一致ではない。技法の必然である。ひとつひとつの漢字には、中国の古代にまで遡れる形態の成り立ちを含め、歴史的に使われ慣れた意味の安定があった。ひとつだけではやや固定的な漢字の表象作用を、二つ持ちだして出会わせる。そのことによって、いわばイメージの交差点というか、混じり合う空間すなわち余白をつくって、そこに新しい意味を宿らせる。これが、明治の漢文の新語創造の力学であった。

## 未知と向かいあう接点において

例として挙げてみたいのが、「society」という言葉をどう訳したかである。

もちろん、現代のわれわれは、まるで条件反射のように「社会」と訳してしまう。

しかし、表（六二頁 表4－1）をみると明治初期においては、「仲間」とか「公会」とか、「結社」「社中」さらには「衆民会合」とか「人倫交際」など、じつに多様な表現がひねり出されている。手持ちの文字でなんとか表現しようとした結果、そこで生まれた多様な受け止めかたが単語に刻みこまれた。そのあたりの努力が、面白い。

使われた文字にしても、「会」「交」「相」あるいは「間」である。そこに注目すると、他者と出会うことや交わることを、重要な要素だと受け止めたことがわかる。その一方でもともとは神が来臨する場を表して宗教心の共有を意味した「社」とか、あらためて「道徳」や「人倫」を持ちだしているところからも、それがなにやら新しいルールと規範とを持つ「群」である集合体を表象しようとしたことがわかる。

これまでに出会ったことがない未知の理念と向かいあう。その自覚があればこそ、明治の開国期において、新しい訳語がつぎつぎと工夫された。

これが流通の段階で「society」は「社会」というひとつのことばに統合されていく。訳語が支配的なひとつに確定してくると、かえって最初にとまどった「わからなさ」の内容などふりかえらずに、定まった用語に置き換えてしまえばいいという、節約の思考法がはびこっていく。

ひとつに定まってしまったことばは、

**societyの訳語**

| | |
|---|---|
| (1)「会」 | 公会、会社、仲間会社、衆民会合 |
| (2)「社」 | 結社、社友、社交、社人、社中 |
| (3)「交」 | 交社、交際、世交 |
| (4)「間」 | 世間、俗間、人間仲間、仲間会社 |
| (5)「人」 | 人間、人間道徳、人間仲間、人間世俗、人倫交際 |
| (6)「群」「相」 | 為群、成群相養、相生養（之道）、相済養 |
| (7)「世」「俗」 | 世俗、俗化、俗間、世間、世道、世態 |
| (8)「民」 | 人民、国民 |
| (9) その他 | 懇、邦国、政府など |

**4-1　明治初期における「society」の翻訳**
一つの漢字を軸にする形で、見やすく整理してみた。異なる二つの漢字の交差によって、特有の意味が生みだされていることがわかる。（『東京大学文学部社会学科沿革七十五年概観』東京大学文学部社会学研究室開室五十周年記念事業実行委員会、1954等から構成）

ブラックボックス化し、人びとの思考を知らず知らずのうちに拘束していく。だからこそ、その停滞に倦んだものが、ネットワークを張りなおす。新たな動きを持つ表現を工夫し、ことばに新しい力をあたえていく。ことばが対応物に貼られた記号のレッテルではなく、ものの見かたや考えかたを変革する道具でもあるのは、それゆえである。

**いまあることばが最良の選択ではない**

もし違う名づけであったら、という仮定法の問いは、ことばが持つ道具としての「歴史性」の幅や可能性の厚みを考えさせてくれる、興味深い実験である。

いまあることばの持つ意味の結び目を、いったん解いて考えてみる。そのことで、今日からは見失われたつながりが浮かびあがる。今とは異なる意味のつながりから、ことばで理解することの可能性が見えてくる。

学問の名前、名づけを例に挙げよう。さきほど論じたように、「社会」は比較的早い段階で、訳語として定着していった。そして私が専攻した学問も、明治一〇年代の半ばには「社会学」という名前で世間に受け入れられていった。

しかし、東京大学で「ソシオロジー」が最初に講義された時は、「世態学」と訳されていた。世のありさま、形態を分析するという意味が埋め込まれていて、もしこの名称が制度に採用されていたら、どうなっただろうか。ひょっとしたら、導入から半世紀の一九二〇年代や三〇年代まで待たず、もっと早くに、社会調査や観察の方法が組織されたかもしれない。
また、今日「言語学」と呼ばれている学問の、最初の名は「博言学」という新語だったが、これもあまり定着しないままに失われてしまった。この名前は、「博物学」の実践とのつながりで工夫されたもので、「ことば」と「もの」との違いをはさみながらも、方法として広く観察を集め分類し整理していく百科全書の可能性を共有していた。「博物館」という施設との対応が保たれている点も見逃せない。

もしその発想や工夫が手放されずに、長く使われつづけたなら、いまは想像し感じることすら難しくなってしまった、別な連想のネットワークが育てられたかもしれない。

たとえば、である。

今日の日本社会では「文学館」と「史料館」と「文書館」と「図書館」という名称で、情報蓄積と参照のためにいくつもの施設が分立している。しかし、もし「博言学」が、言語学の限定をこえて文学や歴史学など各種記録を横断し博覧する視野を形成しえたならば、ことばで記録された人間文化の資料をそのような諸施設に分断することなく、「博言館」のもとに共有するという大胆な統合もありえたのである。

## ことばの内なる歴史性と外なる歴史性

明治に作られた新語も含めて、新しいことばの考察は、それを作らなければならない時代の先端において、ことばの背後にひそむ「内なる歴史性」と向かいあわざるをえなかったことを教えてくれる。いささか意外かもしれないけれども、身体的であると同時に社会的であるという、ことばの基本的なメカニズムを考えたばあい、こうした調整の努力や工夫の存在は当然でもあり不可避でもあるように思う。

さて「歴史性」というとき、もうひとつ忘れてはならないのは、いわばことばの意味の結び目の「外なる歴史性」である。すなわち、声や文字や印刷といった媒介物・媒介技術としての、いわゆる「メディア」によって織り込まれた特質を見落とすわけにはいかない。

メディアとしての身体の進化のとてつもなく長い単位の時間はさておいて、声の獲得以降に限っても、われわれのことばは、メディアの力がさまざまに作用した固有の厚みのある歴史を背負っている。文字という技術は、ことばに外部性、すなわち個々の身体の時間を超えた記録性という新たな可能性を加えた。さらに印刷革命は、その複製力を通じて新たな社会性を実現した。電話とラジオとテレビの電子技術は、もういちど声としてのことばに、これまでになかった新しい力を与えていく。

けれども、ことばの意味の「外なる歴史性」のこうした論点は、いまは指摘しておくだけにして、あとでのケータイの考察に譲ろう。この段階で確認し、調整しておきたいのは、「歴史」という（あるいは「歴史性」「歴史的」などに含まれる）概念の含意である。

## 歴史を呼び出す現在性

歴史ということばは、なかなかの曲者である。使うほうも聞くほうも、用心が必要だ。油断すると単に「古くから」「過去の」「伝統ある」「長い時間の」「いまも継続する」という形容句の手軽な代用として、無自覚に使っている例にふりまわされてしまう。しかし歴史が呼び出されるのは、現在がその制約や効果や影響を問題にするかぎりにおいてである。だから単なる昔からの継続という事実の指摘は答えにならないことが多い。つまり、かつてのありようや存在形態・存在根拠を探り、参照しなければならなくなったからこそ、歴史が問われるのである。

逆にいえば、現在のありようの背後にあって、現在の存在形態や存在根拠や意味を規定し、ある意味では制限している作用としての「歴史性」がある。

ことばもまた、そのような歴史性を抱え込んでいる。そして、すでに論じてきたように、いまあることばが持っている伝達力や分析力は、これまでの最良の成果でも、もっとも合理的な選択の結果でも、進化の最終形でも、たぶんない。過去のさまざまな意味を、きちんと整理分類して集約したものともいえないだろう。詳しい辞書の記述では、それなりに公平で幅広い目配りにおいて整理されているかのように読めても、ふつうに声で使うひとたちのことばの意味は、いつも偏っている。そして辞書の解説もまた完璧とはほど遠く、それぞれの生活語の領域まで拡げれば、見逃されている語感はあまりにも多い。辞書もまた、意味の結ばれかたをさぐる最小限の手がかりにすぎない。あえてすでにまとまった物語としての「歴史」ではなく、

「歴史性」ということばを用いた理由は、道具としてのことばが持つ、時間の厚い累積の効果や制約の未知なる広さを主題にしたかったからだ。

つまり、ことばはまだまだ不自由な道具である。それゆえ改善していくこともできる。「不思議で可能性に満ちた」という表現に、この歴史性の持つ可能性を加えておきたい理由も、そこにある。すなわち、未来の改善と選びなおしや結びなおしのためにこそ、歴史性としての過去の経験の蓄積が力を持つ。

## 社会の神経系としてのことばのネットワーク

道具としてのことばの「歴史性」の理解を広げる、そのためのメタファーをもうひとつ、つけ加えておきたい。ことばは身体的であると同時に社会的であるという理解を、さらにイメージ豊かなものにするために、である。それは、「神経系」のメタファーである。ことばの内なる歴史としての意味の厚みと、外なる歴史としてのメディアの発達に加えて、「神経系」の比喩はその社会性・空間性・ネットワーク性を浮かびあがらせる。

神経は、単純な伝達のための物理的な電線ではない。それ自体が生命力を持つひとつの細胞としてのメカニズムを有している。ひとつひとつの刺激エネルギーを転移させるだけでなく、身体の全体としての複雑なフィードバックの作用を織り上げている。このメカニズムは、社会におけることばの道具としての働きかたを考えるとき、有効な補助線になりそうである。

2章において、ことばの身体性と社会性の共鳴について論じてきた。しかし、すでに声の直接性が機能している対面的な現場においてすら、そこで生じた意味の「ずれ」を、その場でのコミュニケーションにおいて回収《フィードバック》できない事態は、しばしばある。ましてや声と耳の身体性を離れた、文字でのことばにおいては、さらに困難が増す。音の強さも高低も、情緒も調子もない無声のなかで、ことばの背後に潜んでいるであろう、意図や意味の動きと向かいあう。身体的な直感にたよりきれない蓄積の領域まで測定しながら調整していく、丹念で綿密な作業が必要になるからである。それは、神経系のような、センサーと連結したネットワークの持つ、フィードバックの機能に似ている。ふたたび、ここでことばの持つ透明な皮膚としてのセンサーの機能を思いだしてよい。

文字・印刷・電子テクストのコミュニケーション技術の伝達力の発達においてなお、いやその力の複雑な効果のなかに、すでに忘れられた意味の地層があり、すでに埋もれてしまった経験の記録がある。それが、ことばの空間に刻みこまれた「歴史性」の見落とせない特質だと私は主張してきた。

なるほど「神経系」は、身体を構成する各器官をつなぎ、フィードバックを通じて制御する一連のネットワーク器官の比喩である。しかし声の空間を共有する集団から始まって、文字や電子メディアによって組織された社会の歴史性、すなわち、ことばの意味の「外なる歴史性」にまで、その「身体」の空間を拡大しても、適切さの本質を失う表現ではないだろう。

# 5　メディアとしての「ケータイ」

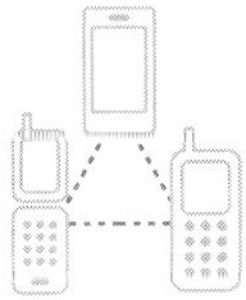

すこし「ことば」をめぐる助走のような考察が長くなった。すでに迷ってしまったかもしれない読者のために、ここまでの論点を整理しておこう。

ことばは、人間という動物に固有の道具である。
ことばは、不思議な可能性に満ちている。
ことばは、身体に実装された道具である。
ことばは、もうひとつの「手」であり「脳」であり、もうひとつの「皮膚」である。
ことばは、社会的な道具であり、間=身体的な現象である。

ことばは、空間的な道具であり、固有の結び目を持つネットワークである。
ことばは、歴史的な道具であり、その蓄積には変化が刻み込まれている。
ことばは、身体＝社会における「神経系」として、意味や関係の制御機能を持つ。

ここまで「ことば」について論じてきた論点が、どのようにして「ケータイ」に結びつくのか。そのことを、そろそろ本格的に論じておかなければならないだろう。結び目となるキーワードは、ふたたび「道具」であり「媒体《メディア》」である。

## メディア論の視点

本書で論じてきた「ことば」の可能性の核心は、それが「伝える」道具であるだけでなく、「考える」道具でもあり、「感じる」道具である、という重層性にある。見えないものを把握し持ち運ぶ「手」であると同時に、思考を生みだし内面をつくりあげる「脳」として発達し、他者のことばの動きに悲しみや喜びを感じる「皮膚」として存在してきた。それゆえ、ある意味では「神経系」として理解ができるネットワークでもあることばは、「社会性」の問題領域、「身体性」の問題領域、「空間性」「歴史性」の問題領域の重なりあいのなかで作用している。

そこに、新たな技術環境として次々に登場したメディアは、どのようにかかわったのか。
これまでメディアという概念のもとで論じられてきた、「文字」「印刷技術」「電話」「ラジオ」「テレビ」「コンピュータ」等々、じつにさまざまな機器・道具の人間生活への参入が問われる。つまり、そうしたメディアの介入は、不可思議で可能性にみちた道具であることばに、どのような論点を生みだすことになるのかが、論じられるべき課題として浮かびあがる。「ケータイ」もまた、そうしたメディアのひとつである。

## 拡張と切断の形態学

議論の集約点をあらかじめ示しておこう。

問われるのは、メディアという道具の持つ「拡張」する力能である。何を拡張するのか。身体と社会とを、である。力能だけでなく、その形態も問われるだろう。

なるほど「ケータイ」は、一面において、いかようにでも取り替えがきく通信手段のひとつである。われわれの日常生活は、好みに応じて選択できるさまざまな装置や道具に取り囲まれている。書いて何かを伝えようとするとき、毛筆がお好みか、万年筆が便利か、ボールペンを選ぶか、ワープロを持ちだすか。手紙を書くのか、メモをとるだけなのかなど、状況によってすこし判断が異なるだろうけれど、それぞれ代用できる手段という点では、大きな違いはない。だから「ケータイ」もまた、手紙や電話や他の多くの代替可能な歴史的手段と並列している。それゆえ、これを持つか持たないかの理由を、個人の趣味嗜好の問題とすることもできる。

しかしその特定のメディアの社会的な受容において、人間の生活にいかなる慣習が生みだされたのか。その説明には、個人の趣味や選好の自由だけに還元できない、集合的で構造的な局面の分析が必要になる。

すでに論じたように、声としてのことばを「実装」した人間の身体は、動物たちとは異なる「社会」という集団の編成と、内面に宿る「自己」という存在とを、ひとつの可能性として獲得することとなった。1章で論じた通り、皮膚の内側である「自分」は、なかなかに気むずかしくて、存在としても扱いにくい。たぶん現代人だけでなく、古代や中世を生きた人びとも、同じようにことばを話した動物として、その面倒くささというか、それなりの扱いにくさを感じていたであろう。「自分」としてあらわれる精神的・内面的な存在は、喜んだり怒ったり悲しんだり笑ったりの身体的感情をともなう。さまざまな感情を有し、欲望に駆りたてられ、恐怖や快楽にゆり動かされる。感情の力を自在に切り離したり省いたりすることはできないので、その状況に応じた揺らぎにつきあわざるを得ない。内側にあらわれる「自分」とは、まことに手がかかる厄介な存在である。この「ことば」の位相を「メディア」の複合的な作用へと一般化し、抽象化していく論述のなかで、この書物の主題があらわれる。

ここでもまたすこし、「比喩」の力を借りよう。

たとえば人間が、精密で微妙でいささか気まぐれなコンピュータであったとしよう。ことばを始めとするさまざまなメディアは、人間というささかファジーな、すなわちあいまいでしなやかなコンピュータに「実装」された、ひとつの新しい拡張機能の位置にある。拡張機能をそなえた機器が標準的になっていくことで、コンピュータそのものの能力も使われかたも変容していく。「実装」ということばは現代の工業社会が新たな意味の広がりを日本語に加えた新語だと思うが、ある機能を担う部品やソフトを実際に取り付けて動かせるようにすることを指す。ケータイというメディアを「実装」した人間の身体は、いかなる「可能性」を構築していくのだろうか。もちろん、そこにおいて使われた「可能性」は、すでに述べたと同じく「危険性」をもまた包含した概念である。

だからこそ、「拡張」という視点に、「不均等な」という、いささか不格好な形容詞が必要になる。メディアの介在は、空間をときに不均等に拡張し、社会に予想外の影響をもたらし、身体の新たな動きを組織する。すなわち、メディアはことばの容れ物であり、その力を増幅変形する。その点で、現実の事態すなわち事実の総体の観察が不可欠となる。

またしても、観察を戦略とする社会学の出番である。

## 空間の変容／社会の変質／身体の拡張

考察の原点におくべきは、やはりことばの「身体性」と「空間性」であろう。

最初の可能性は、身体が共鳴する声の空間性であった。すでに論じてきたように、その場において、ことばの意味が立ちあがり、経験として積み重ねてきた使いかたを再確認し、あるいは新しい形態へと更新されていく。他者の耳と自己の耳とを共在させ、声と耳とを共鳴させる具体的な振動を共有する空間が、ことばという道具が力を有する最初の場であった。

文字や活字や電話やテレビといったメディアの発明と生活への導入は、この「空間」を固有の形式で拡張していく。しかも、拡張はある意味では、つねに不均質である。メディアが生みだす拡張とは、身体をそれまで支えていた空間を引き延ばすことであり、ゆがめることであり、近づけることであり、重ねることであり、切り離すことだからである。

そして、あらためて「ケータイ」をみる。

ケータイというメディアもまた、ことばの容れ物である。そのことばの力をいささか不均等に増幅し、変形する。そうした観点から、ケータイが組織してきた空間や社会や身体の複合性をときほぐす。ことばそれ自体の、道具としての不思議さと可能性が、この「ケータイ」というメディアとの出会いにおいて、いかなる形で「拡張」されるのだろうか。

ようやく私は、この書物の問いを説明しうる場にたどりついたようである。

## 電話としての「ケータイ」

さて、ケータイとはなにか。

いつも身につけて持ち歩かれるようになった「電話」である。

すでに電話ではない、という論者もいる。じっさい日常生活においては、多様な用途が実感されている。曰く「メーラーでもあり、ブラウザでもあり、クレジットカードでもあり、地図でもあり、定期券でもあり、時計でもあり、スケジューラーでもあり、カメラでもあり、音楽プレイヤーでもあり、テレビでもあり、ラジオでもある」〔荻上チキ　二〇〇九：六二〕。いまやケータイは「単に通信のための機械の可搬性を指すのみならず、それがひとつの新しい文化的事物となった事実を象徴する日本語」〔日本記号学会編　二〇〇五：一八二〕であり、このことばが指す「携帯型マルチメディア情報通信端末」〔三宅和子　二〇〇五：一三七〕は「あらゆる場面で私たちの人間の機能を拡張するパートナーメディア」〔荻上チキ　二〇〇九：六一－六二〕となって、「もう電話とは呼べないツールになっている」〔小檜山賢二　二〇〇五：二〇〕という意見もたしかに、二〇一〇年代の日常感覚においては説得的ではある。

しかしながら、社会学者としては、ケータイが今なお、進化したとはいえ「電話」でありつづけているという実態にもこだわりたい（同様の視点は、辻大介〔二〇〇五〕や水越伸〔二〇〇七〕でも主張されている）。

「電話」は、遠くまで声を運ぶ機器であった。この指摘は、当たり前すぎるかもしれない。しかし、ケータイを支えるメディア性の基本が、どこにあるか。歴史的にも原理的にも、電話であるという事実から始まる。そして、われわれは「電話」という機器の力が生みだした生活空間の拡張とゆがみの現実形態とを、観察すべき問題として本当にしっかりと分析してきたのであろうか。それが問われることになる。

電話という発明を、人間という動物が道具として使いはじめたのは、一九世紀後半の一八七〇年代末であった。一八三〇年代に登場した電信は、遠隔地に即時に情報を届けることができたが、いまだその解読に訓練と時間とを必要とする特殊な信号の授受にすぎなかった。数字の並びだけで語呂合わせの通信をしていた、暗号のような「ポケベル」時代を思い浮かべればよいだろう。電話はそこに「ことば」すなわち声を乗せ、直接的で直感的な伝達との接合を切り拓いた。それは、まことに大きな転換点であった。テレフォン（telephone）の名づけが、「遠く離れた（tele-）ところからの声（phone）」であったのは偶然とは思えない。名づけは、最初の理解である。

日本語ではどうであったか。日本にもたらされた当初には「伝話」「伝話機」の翻訳もあったが、電気や電報を連想させ当時の新しい技術のイメージを集約して担う「電」と、会話や対話の「話」の文字との組み合わせによって定着していく［松田裕之 二〇〇一：六八－六九］。

この新しい機器は、ほぼ一世紀半のあいだに、人間が生きている毎日の空間に新しい奇妙な距離とつながりの特異なありかたとを定着させ、「声としてのことば」に、それまでとは異なる慣習と感覚とを生みだしていった。

## 一次的な声と距離の秩序

すでに論じた声の原理にさかのぼって、考えてみよう。声としてのことばは、自分の身体と他者の身体とを共鳴させる空間を生みだした。その空間は意味が生成する場でもあった。

いうまでもなく、空気で満たされた自然の空間（物理的な現実の空間）において、音の大きさは、その音源の遠さや近さ、すなわち距離に反比例している。遠くの音はかすかにしか聞こえず、近くの音は大きく響く。そして、目に見える距離も、音の強弱という現象と補いあって、ひとつの「秩序」ある空間の風景と認識とを織り上げている。

その空間を満たす音のなかで、人間にとって特に重要な意味を持つ音のひとつが、人びとの声である。そして声によって測られる他者との距離もまた、風景の欠くべからざる要素であり、空間の意味と秩序とをつくりあげている。

しかも、その音によって規定される距離や空間は、その本質において「主観的」であり、「主体的」である。われわれは聞こえている音のすべてを、じつは明確には意識していない。選択的に意味づけて、意味があるとしたものだけに耳を開き、他の多くを「雑音」として排除している。さまざまな音源の配置と意味づけの選択は、「音風景《サウンド・スケープ》」としてわれわれの日常の空間を満たしている。だから、われわれが生きている

**5－1　電話機を紹介する図版**（出典：小宮山弘道訳『近世二大発明伝話機蘇言機』弘文社、1880）

「音風景」は、無意識にまでわたる意味づけのなかで、つねに選択され、それゆえ歪んでいる。

『世界の調律』のマリー・シェーファーは、次のような小さな実験を提案している。

丸一日、会話することを禁止し、しばらくのあいだ音を出すのを止めて、他のひとやモノが出した音の訪れに耳を澄ませてみなさい［Schafer 1977＝一九八六：二九五－三〇四］。その場所で立ち止まり、目を閉じて、耳をすましてみる。そして、どんな音が聞こえてくるか。それは、どこからの何の音なのか。

ひとつひとつ感じわけて、記録して、考えてみる。

「音風景」を縁どる、無意識の選択を浮かびあがらせる。そのための実験であり、レッスン（課業）である。実際にやってみると、意外な発見がある。普通に目を開いていたときには聞こえなかったさまざまな声が、環境でしかなかった背景から立ちあがってくるからだ。梢にいる鳥の鳴き声や、気にもしていなかった遠くの歩行者信号の音などの「雑音」が、ひとつひとつ聞き分けられる具象的なできごととして現れてくる。そしてわれわれの日常が、いかに多くの音を組織的に「聞き漏らすこと」でなりたっているか、また耳をすます機会がどれほど稀なものになっているかに気づく。

目を閉じる。そこはひとつのポイントとなる。

あえて視覚を遮断して、日常の五感の使いかたの慣習から離脱する。そのことで、自分たちの身体がひたっている日常生活とは異なった感じかたを生みだすからだ。

こうした視覚の遮断は、じつは電話で会話する経験においても、日常的にくりかえされている。にもかかわらず、そこで生みだされている経験それ自体は、シェーファーのレッスンと大きく異なっている。そのことは、どう論ずるべきであろうか。

## 空間の秩序と身体の感覚

遠くの気配を知ろうとするとき、ひとは「耳をすます」。

この表現が指し示す経験のメカニズムも、声が作り上げてきた空間の秩序にふれていて、たいへんに興味深い。「すます」ということばの内側をたどっていくと、気づかなかった別な動詞の身体感覚にであう。

「すます」の元となる動詞は「すむ」で、「澄む」「清む」とも書く。すなわち、透明になることである。濁った水を動かさずに置いておくと、浮遊物や濁りが沈んで清んでくる。耳をすますとき、ほとんどのひとは身体の動きを止めて、耳に感覚を集中させる。目を閉じてみるとさらに実感するのだが、まるで身体の内側にじっと沈み込んでいくようである。

耳というセンサーを研ぎすまし、まわりの空間を透明にして、遠くまで感覚を及ぼす。こうした「耳をすます」プロセスが、身体の居場所を定める「住む」「棲む」ことと、日本語では同じ音を共有している。この呼応は、まことに示唆的である。居つづけられる場所を求める求心力（住むこと）と、遠くまで感覚をはりめぐらす遠心力（耳をすますこと）との身体論的な呼応を、このことばが記録しているからである。

目を閉じて、じっとそこにとどまる。すると、耳が冴えて、遠くの様子がわかる。そこで再確認される音の大きさと距離とのつりあった秩序は、自然な空間の基本構成原理でもあった。そして一次的な声が、その音の力においてつくりあげていく空間もまた、身体を中心においた距離の秩序に依存している。

電話空間の二次的な声は、この身体が自然に積み重ねてきた空間秩序に、ある変化を引き起こした。すなわち、距離の秩序に、たとえば「貫入」と表現されるような原理的な攪乱《かくらん》をもちこみ、空間の認識を変容させていったのである。

電話の声は遠くからの我々への呼びかけである。それは〈遠い〉ということが意識に昇らないような、〈遠さ〉と〈近さ〉が円環をなすような、あるいは〈遠さ〉が〈近さ〉に貫入したような、そういう迷宮的な〈遠さ〉であると言うべきだろう。［鈴村和成　一九八七：一一］

外側からこの事態を抽象的に概括するならば、距離が意味をもたない「バーチャルな空間」が析出していくということになるかもしれない。しかし外在する者からの「仮想現実」だとの概括は、一見明確であるかのように見えて、過剰で、どこか空虚である。「バーチャル」とは、経験に即して理解するかぎり、物理的な距離の消滅や廃棄ではなかった。「距離の消滅」は、メディア論者がレトリカルに単純化した説明にすぎない。むしろ関係的な距離の変質、あるいは他者性の配置の変容ともいうべき、新たな事態がそこに生まれていることを見落としてはなるまい。鈴村の引用文が、「遠さ」と「近さ」の混乱に言及して、「迷宮」のイメージを持ちだすのは、そうした事態の内側を満たしている何ものかの実感ゆえである。

電話の考察を通じて、ここで浮かびあがらせようとする変化は、空間をめぐる経験の「大転換」である。そして、そこからコミュニケーション空間の理解の再構成が始まる。それはあたりまえと感じてきた電話の理解を意外な方向へとずらし、電話という道具の奇妙さを浮かびあがらせていくことになるだろう。その作用の筋道は、じつは現実の電話の普及過程がまさにそうであったように、いささか複雑で入り組んでいる。

だからまずは、これから論じようとする核心だけを、あらかじめ枠組みとして、あるいはさしあたりの結論として、切りだして明示しておこう。

## 電話が生みだした四つの変化

電話としてのケータイの普及は、われわれの社会に何を生みだしたのであろうか。

第一は、空間感覚の変容である。電話が生みだした「二次的な声」と「バーチャルな対面関係」は、われわれ人間のリアリティを支えている空間の枠組みを変化させ、ある意味で混乱させた。それは感覚の積分としてあらわれる空間認識の変容であり、同時に、他者との距離の質にかかわる変容でもあった。ケータイは、その変化を電話が置かれた家屋の内部から、社会空間へと拡張し、街頭へと浸潤させていった。

第二に指摘すべきは、第三者の役割の縮小である。この新しい空間においては、「傍観者」や「同伴者」として場に参与し、空間としての厚みを構成していた社会的な存在が遠ざけられていく。やがて個体と個体との「直接的な接続」という、一見すると効率的でありながらもろく、強そうでありながらうつろいやすい関係性が、われわれの生きる社会に際だってくるようになった。それは第三者の位置を占める存在の、意味の変化・衰弱と無関係ではない。

さらに第三の、無視できないできごとは、そうしたなかでいつのまにか生みだされた、「外部」や「他者」と向かいあう、技能としての「ことば」の衰弱である。未知の外部に存在する他者と、敬意と配慮に満ちた距離を保ちながら安全に交渉する技術こそ、「敬語」や「丁寧語」の本質であった。礼儀作法は、しばしば伝統的で階層的な文化の残存であると誤解されているけれども、むしろその政治的な対応力を見落としてはならない。であればこそ、「親密」で「直感的」なことばばかりの膨張は、ことばという生活技術が持つ政治性を収縮させていく。

第四に加えるべきは、声の代用品となったメールの問題であり、その断片性である。ケータイ時代になって現れた「メール」の文字文化は、電話の「二次的な声」の現代的なありようを受けとめて、書くことの変化を増幅した。「手紙」というメディアとの差異や、思考の文体を支えていた書く実践からの遊離についての考察は後章にゆずるが、電話が生みだした「おしゃべり」という「私語」の文化を、ケータイ・メールは黙読ならぬ「黙話」ともいうべき間接性の奇妙な位相へと発展させた。

以上のような「ことば」の変容を媒介したメディアとして、ケータイを位置づけることは、現代の理解を深めるだろう。

もちろん、これらの変容は一斉に、かつ画一的に起こったわけではなかった。私としては、現代文化批評が陥りがちな技術決定論的な理解を、なるべく遠ざけておきたい。そして電話の登場を含む、この一世紀の生活空間の変容を、じっくりとたどってみたい。詳細な考察と分析こそが、常識による惰性的な裁断とも、個別世代に限定された実感からのお説教や反発とも異なる、人間として共有して対処すべき問題を正確に浮かびあがらせるだろう。

なるほど一九九〇年代に起こった「固定電話」から「ケータイ」への変化は、小さな技術革新ではなかった。私もそう思う。電話という道具に、モバイル性、すなわち、移動可能で身につけて動けるほどの軽便さと、カメラやコンピュータと共通する新たな機能とが与えられ、「ケータイ」という道具になった。そしていつのまにか、家庭用の固定電話は、モバイル世代から「家電《いえでん》」と呼ばれるようになった。その「ケータイ」の普及とともに産み落とされた現象や問題は、しばしばその時代の若者と結びつけられて、その「安易さ」や「軽さ」や「淡さ」や「不作法」がさまざまに論じられてきた。しかしその現象や問題の多くが、すでに「家電《いえでん》」が切り拓いた電話空間そのものがすでに生みだしていたコミュニケーションの変化を、そのままほんの少し拡張したものに過ぎなかった。そうした電話空間の歴史的な厚みに、若者文化の批評家たちはあまり注意を払ってこなかった。

一見まったく新しそうにみえるケータイの風俗も、二〇世紀に急速に普及した電話が「発明した伝統（invented tradition）」と無縁ではない。電話という新技術が生みだした、不均質で矛盾をもはらむ変化の歴史的な厚みのうえに成り立ったものである。ある一面では、兆候として電話に胚胎した傾向を、ケータイはこれまでの想像をこえて促進させた。他の側面では、声の交流と文字の通信とを近接させることで、電話と手紙との機能の「違い」を希薄なものとし、さまざまな通信技術の「限界」それ自体を無意味化していった。そして、かつて電話とはそういうものであったという歴史的事実の存在すら、忘れさせていった。「長い革命（long revolution）」とも呼ぶべき、静かで日常的な持続のなかから、この身体と社会をめぐる変容はしだいにその姿を明確にしていったのである。

だからこそ、ことばの経験の原点から考察しなおす視点を手放してはならない。ケータイはいまなお「電話」であるという視点に私がこだわるのも、それゆえである。声としてのことばの空間性は、すなわち歴史性や社会性を含みこむものであった。「電話」は、そうした空間性と対応していた身体性に、原理に関わる動揺をもちこんだ。このメディアが生みだした変化の拡張として、「ケータイ」のメディア経験が存在している。

次章からしばらくの間、やや軽視されている、この歴史性を帯びた継続をたどってみよう。

## 6 「二次的な声」と分裂する空間

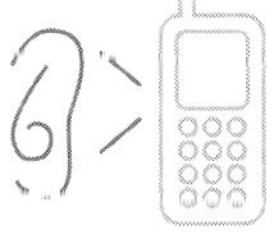

そもそも、人間という動物の社会にとって、電話とはいかなる装置だったのか。

電話の本質は、声を電気（electric）技術によって遠くまで媒介するメカニズムにある。回線を通じて伝えられた複製の音声が、相手の耳を共鳴させる。そのかぎりでは、すでに考察した「声としてのことば」と、現象の仕組みを同じくする。

大きく異なるのは、「送話器」が自分の声を電流に変えてはるか遠くへと送り、その電流を「受話器」が再び相手の耳元で音声として再生する点である。この送信と再生という「複製」の仕掛けによって、身体相互の間に挟まる空間の距離が、かつてのようには決定的な意味をもたなくなる。

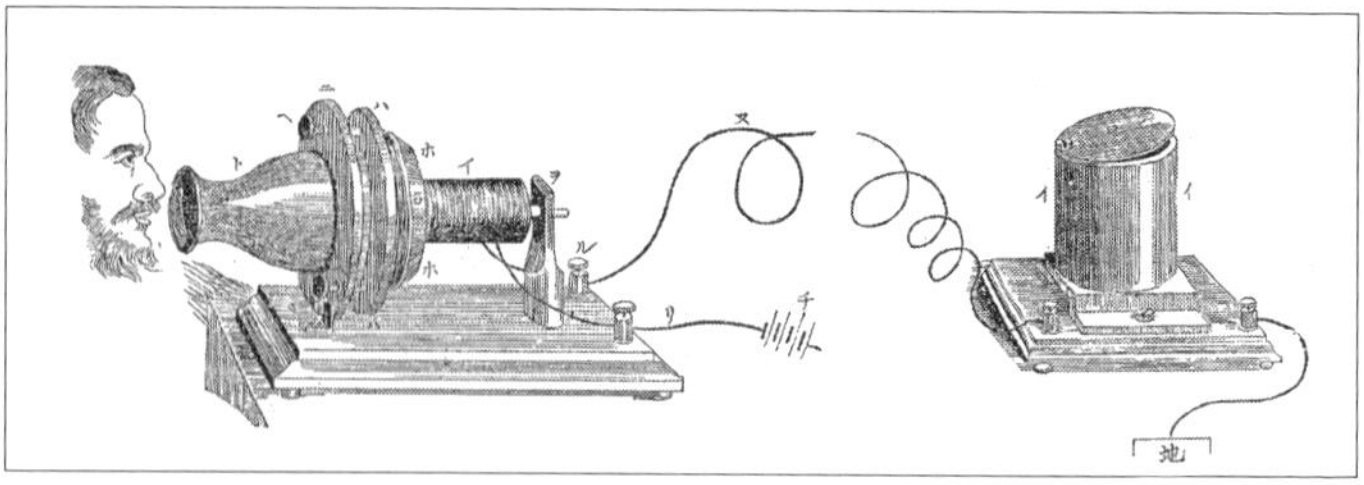


6－1　電話の原理の紹介
（出典：小宮山弘道訳『近世二大発明伝話機蘇言機』弘文社、1880）

しかしながら、それはすでに論じたように「距離の消滅」ではなかった。あえて言うならば距離の秩序と空間の構造との「対応関係の混乱」であり、「空間の分裂」である。そこに「一次的な声」としての身体の声がつくり上げてきた空間と、「二次的な声」としての電話の声が生みだす空間との、無視できない特質の違いが潜んでいる。

電話によって、身体を支えていた空間が変容し、分裂しはじめたのである。

## 複製技術が生みだす声の「二次性」

「電話」の発明と社会的な普及は、人間という動物のコミュニケーションに、これまでに存在していなかった新しい「場(topos)」を付けくわえた。そこでは、その回線の通じている時間だけ、隔てていた距離がバーチャルに意味を失うかのように感じられた。そうした不思議な近接の経験が、社会の日常のところどころに深く浸透していく。

フィッシャーという都市社会学者が、『電話するアメリカ』で引用している回想は、たぶん二〇世紀初頭のありふれた風景であったにちがいない。けれども、現代のわれわれからすれば、感じることができなくなってしまった新鮮な「驚き」を記録していて興味深い。サンフランシスコ州アンティオーク在住のこの老人は、第一次大戦前のアメリカで、裕福な家にたずねていった少年の日のことを思い出して、次のように語る。

昼食前にお邪魔していると電話が鳴ったんだ。それは手動式のマグネット・フォンで、とりつけたばかりだった。ヘンリーさんは電話で話したあと、「今、私はコンコード（マサチューセッツ州のボストンに近い町）と話したんだぞ！　居間にいる君と話しているのと変わらんのだよ」といって、驚喜して浮かれていた。彼はすっかり電話に夢中だったが、私のほうはといえばそれほど感動しなかった。新奇な発明品や進歩といったものを軽く見ていたんだ。

**6－2　マグネットフォン〔磁石式電話機〕**
話し手は右に見える磁石式発電機のハンドルを回して、電話局に信号を送る。電話局は、自動変極器を通じて交流電気を相手方に送り、受け手の電話機のベルをならす仕組みであった。（出典：『東京の電話』上，p.163）

6-3　アンティオークとコンコードの距離

だけれども、あれはとんでもない機械だったんだな。［Fischer 1992＝二〇〇〇：二八二］

アンティオークとコンコードという、アメリカ大陸を東西にほぼ横断するほど離れて遠くにいるひと同士が、まるで居間でともにいるかのように話した。あたかも奇跡を見たかのように、その経験に興奮している主人と、居間の傍観者の冷静あるいは無関心とのギャップは、重要ななにかが、そこにおいて共有されていないことを暗示している。

しかし、それは傍観者であった老人が回想で言及しているような「発明品」への関心でも、「進歩」を軽く見ていたかどうかでもなかった。

分かち合われていなかったのは、「経験」それ自体の衝撃である。ある身体感覚が、電話口で新たに生みだされた。遠方に暮らしている旧知の友人と、まるでそこの居間にともにいるかのように「話す」

ことができた。そのバーチャルな経験は、受話器を持つ「ヘンリーさん」だけのものであった。まるで見えない、離れたところにいるはずの人の声が、耳元で「聞こえた」。その空間経験と身体感覚こそが、同じ居間で近くにいたはずの二人のあいだで共有されていなかったのである。

## バーチャルな空間の接合によるローカルな空間の分裂

なぜ、その驚きが共有されなかったのだろうか。

簡単である。電話によってわれわれの生活に付け加えられた「場」すなわち空間が、そもそも傍観する他者すなわち第三者を、同一の経験のなかに巻き込まないものだったからである。一人の話し手と、一人の聞き手がいる。しかしそれ以外のすべての第三者は、電話空間の外に取り残される。

と同時に、受話器を耳に当てている人間もまた、対話が進むにつれて、周囲の現実空間から切り離されて、分離してしまう。

従来の声の空間とは明らかに異質であった。すでに論じたように、声は拡がる振動と身体の共鳴において、その空間を満たす空気を生みだした。それゆえ、そこに存在するすべてのひとを巻き込む共同の音の世界をつくりあげてきた。しかし電話という二次的な声の介在は、この空間の構造を変容させていく。複雑にし、分裂させ、その一部を他の身体には感じとりにくいものにした。電話の会話を通じて構成されるバーチャルな空間と、自らの身体が位置する現実のローカルな空間とは、話し手と聞き手の身体を接点として二重化する。しかも、その二重化は、特有の亀裂をともないつつ社会に浸透していく。つまり、いわゆる「バーチャル」な空間と「ローカル」な空間とが、分裂しはじめるのである。

かつて音は空間にひとつの秩序をつくりあげていた。すなわち、ローカルな現実空間において、音の強弱がつくりだす距離の知覚は、空間内の存在の配置を縁取る重要な条件であった。われわれが日常的に使う慣用句（フレーズ）にも、この距離の秩序の感覚は明らかに刻み込まれている。たとえば「声が聞こえたので、ご挨拶を…」と、知り合いに近づく。それは、相手が偶然にも近くに居ることに気づくことであった。また「声をかける」のは、あまり予期していなかった場所でたまたま知り合いを見かければこその反応だろう。いずれの「声」も、お互いの身体が近づいて、同じ空間に居合わせたという条件を含意している。

しかしながら、電話のコミュニケーションにおける声の共有は、身体をとりまく空間のありようからはまったく分離している。ただ音や声だけが、お互いが存在する別々の場所に送られる。音声だけが切り取られ、複製されて、受話器の向こうの人間の耳に届けられている。

一方に音声だけによって構成される二次的で認知的な空間（回線上の電話空間）があり、他方に身体感覚によって統合された現実のローカルな空間がある。その二つは、微妙な亀裂をはらみつつも、話し手の身体という一点においては接合している。しかし、傍らにいる現実空間の他者の経験においては完全に異なる。回線上の電話空間からはまったく排除され、けっして巻き込まれることがない。そうした他者までをもふくめた重層的な空間構成と、そこで生みだされる異質な経験の集合こそ、われわれが分析すべき広義の電話空間であった。

さきほど「特有の亀裂をともないつつ社会に浸透していく」と述べた。電話という装置の急速な浸透と日常化とともに、何が起こったのか。

一言でいえば、われわれの身体は、「二次的な声」の持つ空間の構築力ともいうべきものに、

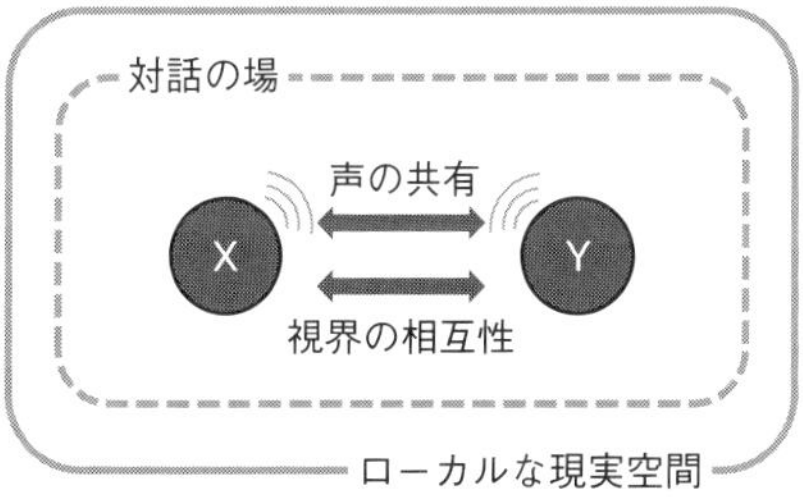


**6-4　声による空間構築の模式図01**

ローカルな現実空間における対話は、声の共有と視界の相互性とによって成り立つ。

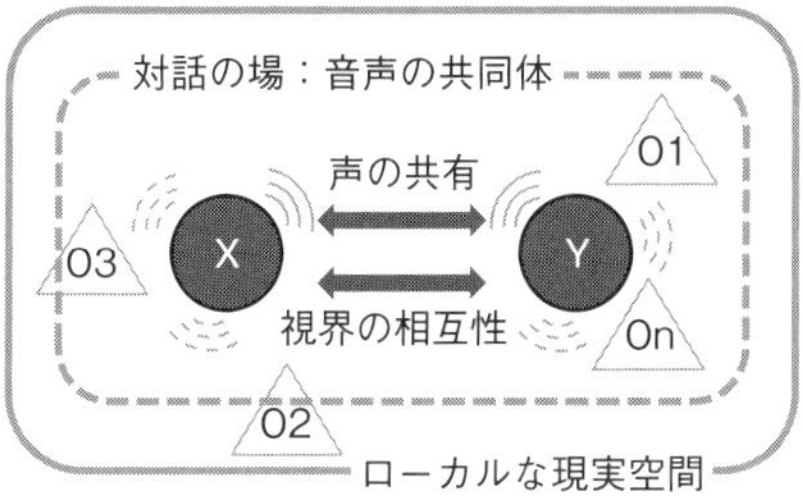


**6-5　声による空間構築の模式図02**

ローカルな現実空間における声の共有は、他者の存在をも巻き込み、音声の共同体を成立させる。

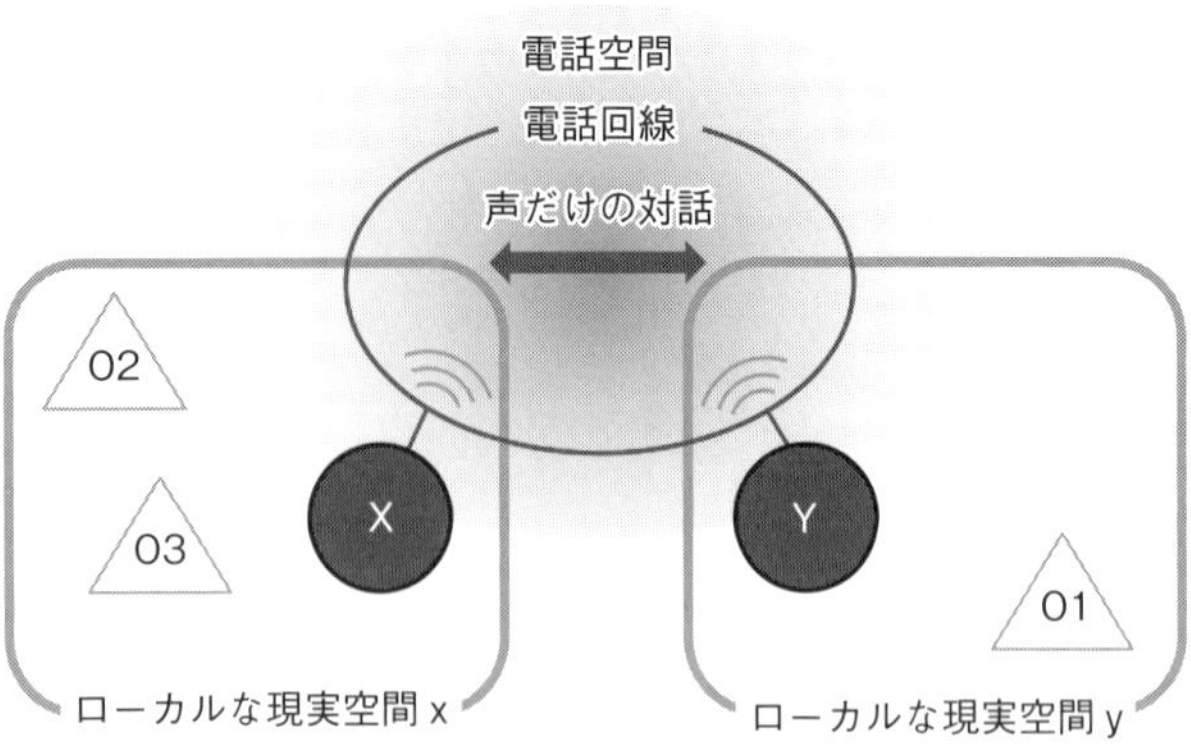


**6-6　電話による空間構築の模式図**
バーチャルな電話空間は、声の交換によってのみ、二つのローカルな現実空間をつないでいく。そこにおいて、傍らの他者が排除される。

鈍感になっていったのではないだろうか。声を軸にしてつくりだされた空間は、それ自体が視覚や皮膚感覚を巻き込んで複合的な秩序をつくりあげ、持続的で強力であった。もちろん、われわれには特別になにかを失った自覚などない。しかしながら、ここで起こっているのは、コミュニケーションの根本にかかわる変容である。

しかも、その変容は明確な効果の自覚をもたないままに進んでいった。そうしていつのまにか、身体現象としての声が持つ、意味に満たされた空間（あるいは「空気」）をつくりだす力が見えなくなった。声が空間を作る力の複合性や根元性が、どこか気づきにくく、感じにくい領域へと追いやられていく。

## 奥行きのない空間とバーチャルなリアリティ

電話が伝えてくれる声は、なるほど電気的な複製の音声である。しかし、複製と意識しないでいいほどに、耳に自然かつリアルに響く。ちょうど、同じく一九世紀の発明品である光学的科学的複製技術としての写真が、目に自然なリアリティをもって、光景を切り取り縮約して、視覚経験として複製してくれたのとまったく同じように、である。

電話空間の魅力は、まさにこの複製された声の感覚的な直接性あるいはリアルさにあった。その点において、先行する電信の記号世界と大きく異なっていた。その複製技術システムのバーチャルな新しさは、まさに衝撃的なものだったにちがいない。

立ち止まって考えてみれば、写真の持つ視覚的なリアリティもまた、複製技術によってバーチャルに再構成されたものである。写真は二次元に貼り付けられた風景の画像で、視覚的な認識においては近似の経験でありながら、身体の動きによって確認できる現実空間の奥行きをもたない。同様に、電話の声はスピーカーのコーン紙のような、振動する膜の強弱高低に転写されたものにすぎない。カメラの視覚と同じようにスピーカーの聴覚においても、現実の身体をとりまく空間の奥行きは、いわば媒体の平面に写しとられている。平面的な媒体によって、再現され、再生されている。

電話との出会いにおいて、われわれが手に入れた経験の場もまた、すでにあらかじめ奥行きと広がりとが失われている。現実空間のもっていた厚みや深さが失われ、しかもそこに直接に触れにくくなっている。その意味においての「バーチャル」は、平面化された「虚」の空間である。しかし、「バーチャル」のもともとの語感が、ラテン語の「力のある」という意味から生みだされていることは興味ぶかい。ここでも声としての「ことば」の持つ意味記号としての安定した力が、その不自然さを押し隠す役割を果たした。これまでにない水準での声のリアルさへの驚きは、奥行きがない不自然さの認識よりはるかに強いものであった。

もちろん、それは回線上の狭義の電話空間のなかだけを満たすリアリティである。そして電話する人間の経験は、電話空間のなかだけで完結するわけではない。

電話をかけている最中も、切ったあとも、身体を中心としたローカルな現実空間は消え去らない。それゆえ、われわれは経験に付加された電話というメディア空間のコミュニケーション規則と、身体が慣れ親しんだローカルな現実空間の経験的な規則との二つを、織り交ぜつつ切り替えつつ暮らすことになった。そうした複合的な空間経験を、「仮想－疑似－バーチャル」と「現実－真正－リアル」の二項対立で切り分けて論じるのは単純にすぎる。むしろ、身体が向かいあっている現実が見落とされてしまうだろう。人間は、この二つの空間規則の重層と接合のただなかを生きているからである。

だからこの二つの空間、すなわち回線上の電話空間とローカルな現実空間との接合がどのようになされているのか。それを、身体の経験の側から測りなおしてみることは、ムダな作業ではない。

## 「もしもし」の緊急性

「もしもし」という電話で使う固有のことばは、ある意味で鋭く、電話空間の基本的な特質を象徴している。

普通にひととひととが出会うときに、「こんにちは」とか「はじめまして」と言う。知り合いであれ初対面であれ、「もしもし」とは決して言わないだろう。目の前にいる話し相手にあえて「もしもし」というとすれば、それは「距離」をことさらに強調した、意地の悪いからかいか、ある種の信頼関係のもとでのジョーク以外のなにものでもない。話芸の用語でいえば、「ツッコミ」である。状況がわかっていない仲間に対して、意味が通じていない遠さをからかい、ともに笑いあうには効果的だが、かなりひねった意外性のある使いかたとなる。

「もしもし」という表現は、つまり、いささか特殊な距離の感覚に縁取られている。民俗学者柳田国男は、この呼びかけのことばに、ある種の空間的な「遠さ」と、時間的な「気忙《きぜわ》しさ」が保たれていることを見逃さなかった。

「もしもし」ということば自体が、電話以前の日本語の生活のなかに、なかったわけではない。「もしもし」は、「言う」の謙譲語「もうす（申す）」に由来する。普通の生活のゆっくりした状況では「もうし」の一言が呼びかけとして使われた、という。そう声をかけられれば人はふりかえり、また「どうれ（「誰」の転化ともいう）」と応え、いったい何を「申そう」としているのか、それをまず聞いてみようと近寄ってきた。

わざわざ短く切りつめ、「もしもし」と重ねて使う風が起こったのは、もうすこし差し迫った予想外の状況においてである。

柳田が実例として挙げたのは、交番の前と、忙しい商店の店先である。交番の警官は、不審を感じれば通行する者を突然でも呼び止める。明治に生まれた羅卒すなわち巡査の多くが「オイオイ」「オイコラ」といって、権力の高みから通りがかりの人を呼びつけたところを、威張らずに礼儀正しくふるまう者だけが見かけない通行人に「もしもし」と話しかけた。そして商店では、たとえばうっかりと持ち物などを置き忘れて、そこを去ろうと行きかけた客に対して、気づいた店の者が急いで呼びもどす。そんなときなどに、この「もしもし」が使われたと述べている［柳田国男 一九四六→一九九八：二五六］。

要するに「もしもし」は、そこからすぐにいなくなってしまいそうな相手への呼びかけである。だから緊急性が刻印されている。差し迫った状況において、しかし名前を知らない他者に、その場で声をかける。そのままであれば、相手がいなくなってしまうかもしれない偶然性と距離感とをともなう。それゆえ、「もしもし」には「遠さ」と「気忙しさ」が刻みこまれている。

## 声だけに頼り、声だけで探るという緊張

このことばに刻みこまれた特質は、電話空間における人と人との対面関係が「他者のバーチャルで突然の立ちあらわれ」であることと深く関係している。もし呼び止めなければ、次の

瞬間には切られて、存在しなくなってしまうかもしれない。だから、お互いに急いで声をかける。

ここで使った「バーチャル」という形容詞も、やはり「現実でない」「架空の」「仮想の」とのみとらえるのは不十分だろう。たしかに現実空間での対面関係と異なってはいるのだが、その違いに作用している固有の条件がある。第一に複製の音声だけで交流が構成されていて、第二に対話に視覚の参加が禁じられている。この二つの具体的な、メディア論的であると同時に、身体論的な限定条件がかかわっている。その意味するところを、電話というメディアの「バーチャル」の考察において、ていねいにたどってみなければならない。

電話をかける。それは、いかなる手順によって生みだされた、どのような経験であったか。図に掲げておいたのは、戦後の電話の大衆化を支えた「四号電話機」とその後継機の「六〇〇形」である。いま四〇代以上の多くのひとが、かつての電話として思い起こすのは、これらのダイヤル式の「黒電話」であろう。この電話機で電話をかける手順にも、すでに説明が必要かもしれない。今日の作法にもつながる基本ではあるので、わかっている人には当たり前の知識の確認だが、簡単に復習しておく。

まず受話器（正確には送受話器）をとる。置いてあるフックが、回線のスイッチになっているので、受話器を上げればよい。「ツー」という発信音を確かめて、相手先の番号を回す。

見ての通り、ダイヤル式だから「回す」という。数字と対応している穴に手をかけて、ダイヤル盤を回転させる。後にプッシュホンが出てきてはじめて、番号を「押す」という表現が混じってくることになる。

有効な番号であれば、呼び出し音が向こうで鳴っているのが聞こえはじめる。相手が受話器を取ると呼び出し音が止まり、回線がつながる。

あわてて、「もしもし」と声をかける。

もちろん相手が出るのは予測しており、期待もしている。しかし、どういったタイミングで、誰が出るのかはわからない。

そして出れば、すぐにこちらから呼びかけなければならない。そのまま黙っていたら、その瞬間から無言電話の迷惑電話になってしまう。電話でのコミュニケーションには、声によって存在を確認しあう「共時性」「同時性」、あるいは「即時性」の暗黙の強制がある。

このプロセスにおいて、相手が見えないことは、それぞれの態度に大きな影響を与えている。現実の空間をあいだにはさんだ対面状況よりも、相互に見えない分だけ不安であり、頼りない。そもそも、存在することそれ自体が見えない。だまって頷いていたとしても、そのままでは意味をもたない。つねに存在の心もとなさがつきまとう。それは相手の存在だけではない。そのまま反転して、自分の存在が了解されているかどうかの不安となる。自分も、そして相手も、声だけが頼りである。

**6-7　ダイヤル式黒電話**
右：4号A自動式卓上電話機（出典：『東京の電話』下，p.304-305差込ページ）
左：600形自動式卓上電話機（図版提供：NTT東日本）

この「見えない」対話空間の「不安」は、社会生活における新しい状況であった。相互に見通せないことによる『不自然さ』や「心もとなさ」など、それまでの普通の人間のコミュニケーション状況にはなかったからである。それゆえ、人びとは特別の緊張を強いられた。作家の佐藤愛子は次のように告白する。

電話というものを私はあまり好きではない。よほど親しい友達でない限り、顔の見えない相手と話をするのは、何となく不安定で落ちつかない。ことに頼みごとがいやだ。人手のないとき、八百屋や魚屋に電話で用を頼むのさえ、何度か思い迷った揚げ句、ついに自分で出かけるかそうでなかったら我慢してしまう。（佐藤愛子）［南北社編 一九六七：六三］

電話でのおしゃべりやケータイの便利に慣れきった世代からすれば、この一九六七年に四〇代半ばであった人物の感想は、理解できないほど古風な躊躇のようにみえるかもしれない。しかし、けっして根拠のない逡巡でも頑迷なこだわりでもなかった。むしろ誰もが感じたためらいであった、と考えるのが正しい。電話での声としてのことばは、多くの人びとにとって、対面状況における声としてのことばと異なるものだったのである。

大正生まれのこの作家が電話の利用をためらう違和感の根拠は、「一次的な声」のもっていた力能との差異である。現実空間における声としてのことばは、その基本において、身体的で皮膚的であり、視覚と複合的で、空間と補完的であった。つまりこの作家の逡巡は、複合的な身体感覚から切り離された「二次的な声」であるがゆえの、不安定さや落ちつかなさに基づく。同じ書物のなかで、すでに六〇代であった人物が告白する「あがる」という自己診断も、その不安定さの一表現である。

電話をかけねばならぬハメにおちいると、胸のうちがつらくなり、相手の人が立派な人物であったり、美しい才女であったりすると、電話をかけぬうちから、何とはなしに緊張し、いよいよ通話がはじまると、向こう様からみられるはずがないのに頭をさげたり、笑顔で三度も四度もうなずいたり、恐縮してハァハァと答えるうちに、面倒な仕事もツイ引き受けてしまう。要するに僕は電話をかけると、あがってしまいがちだったのだ。（森山啓）［前掲書：一二一－一二三］

なるほど「あがる」とは、いかなる関係のもとでの現象か。見られていることに緊張して自然にふるまえない、他人の存在を意識して固まってしまう状況を意味する。それは大勢の人びとから注目されたり、未知のひとに向かってこちらから話しかけなければならなかったり、つまり行為しなければならない関係の、強いられた一方向性ゆえの落ちつかなさであった。

## 耳だけの不安と不審

しかも、である。電話が強いる緊張は、話し手の側だけの落ちつかなさではなかった。相手を巻きこんだ耳の緊張であり、双方に共有された不安でもあった。

朗読・対談に活躍した徳川夢声に「放送話術と電話話術」という面白いエッセイがあって、『東京の電話』に再録されている。そのなかで、純粋に聴覚だけのコミュニケーションとなった二次的な声の質の問題を、印象深くえぐりだしている。

夢声は、放送話術の専門家ではあるが、「電話の話術家としては落第生」だと自認していた。「あなたと電話で話すのは、実にビクビクさせられます」と怖がられていたからである。本人としてはいささか心外であったけれども、そう思われてしまう理由も、わからないではなかった。すなわち、自分がことばの使いかたにうるさかったからではないか。夢声は、そう考えた。「活弁」といわれた無声映画時代の画面の説明からラジオ時代の朗読まで、「舞台話術屋」「放送屋」「原稿書き」と「コトバの稼業」に一貫して従事してきたからである。

電話で相手の言葉を聞いていると、それに神経が集中されるから、その言葉の使いかたがいちいち気になる。たとえば、相手が二つの意味にとれる言葉で言うと、それはいったいどっちの意味だと、すぐに質問する。間違った言葉づかいをされると、すぐにそれを正したくなる。なるほど相手はやりきれない。〔日本電信電話公社東京電気通信局編　一九五八：六二〇〕

とはいうものの、私が思うに、専門家としての口うるささや、ことばの職業者としてのこだわりだけが原因ではないだろう。会話内容だけでなく、電話というメディアがつくりだす状況の特質も複合的に作用している。夢声自身が「それに神経が集中されるから」と、電話空間という場の特殊性を耳の立場から明確にしている点は鋭いと思う。

思い出してほしい。電話によるコミュニケーションには二つの特徴があった。

第一に声だけで対話がなされ、第二に視覚の参与が禁じられている。つまり双方の感覚は、耳に集中せざるをえない。そのことで、声の調子やことば使いの持つ意味が、対面状況での会話以上に増幅される。

**突然に呼びかけられるということ**

さらに、この空間に特有のもうひとつの要素もここに関わっている。

会話相手の出現の唐突さである。ローカルな現実空間の状況のコンテクスト（文脈）と無関係の異なる時間が、まったく突然に押しつけられる。

じっさい、電話はつねに唐突な訪問者であった。「もしもし」と突然に話しかけられる。受け手の側からすれば、電話での会話の要請はいつも予想外の時点から始まる。つまり予期できない突然の要素をふくんでいる。

何人かの作家もまた『でんわ文化論』で、夢声と同じく、かけられた側の戸惑いを述べている。

風呂に入っている時、電話がかかってくると、寒いのをこらえて、裸で応対しなければならないのである。男性ならその旨を言って、早めに片付けてもらうことにしているが、婦人の場合はいくら実物が見えないからといって、あらわには言いにくい。（木山捷平）［南北社編一九六七：四八］

ちょうど夕食のときなどに電話がかかってくる。電話が茶の間にあるものだから、私は箸を持ったまま受話器を耳に当てると、それが知らない人からの身の上相談だったりする。対手は私が箸を持っているとは知らないし、身の上相談というような差し迫った気持ちだから、そのまま話し出して、こちらはつい、あとでとも言えなくなる。（佐多稲子）［前掲書：五七－五九］

たしかに電話の呼び出し音は、都合おかまいなしに侵入してくる。こっちに何の用意も心構えもないときに、呼びたてられる。原稿を書いている最中に、突然かかってくる。便所に入っていれば、あわてて出ねばならない。客とおもしろく話しこんでいるときには、話を中断される。家族がそろって「いただきます」と言ったとたんに、電話がかかってくれば、誰かが箸を置いて出なければならなくなる。

向こうはこちらの事情を知らない。だから、頭からそれを咎めるような文句は言えない。しかも、番号表示の実現以前では、その電話をとるまで、相手が何者であるかすらまったく分からず、相手の表示機能が充実したあとでも、どんな急用を抱えているのかは、こちらに事前にはわからない。

突然で用件も何もわからない場合がほとんどであるから、いきおい夢声のいう「中っ腹」の不機嫌、すなわちどこかで闖入《ちんにゅう》の理不尽さへの怒りをふくみ、文句を言ってもしかたがない唐突さにむかつく心を抑えながら、受話器をとることになりがちだ。

だから、私が電話に出るとき、喜んで出ることなど滅多になく、だいたいは疑惑を抱いて出るとか、中っ腹ででるわけだ。そこで、こちらのコトバもそれを反映して、疑惑的だったり中っ腹だったりすることになる。するとまた相手も、電話であるだけに、こっちの応対ぶりがすぐにピンと響くというわけだ。なにしろ耳だけに神経を集めている。［日本電信電話公社

東京電気通信局編　一九五八：六二〇］

## 二次的な声の空間力学

すでに論じたように、ことばは「もうひとつの皮膚」である。

人間はことばを、触れあいにおいて機能するセンサーとして使いこなす。そのような社会的人間の自然な身体感覚からみると、電話空間では、目隠しをされている不安が声の表情や動作の感度を上げてしまう。見通せない空間とそこに存在する他者の状況を、声と耳の力だけで探らざるをえない。だから声それ自体が果たさなければならない役割は大きく、たぶん不当なまでにといっていいほどに研ぎ澄まされ、集中力を担わざるをえなくなる。

それが、バーチャルな電話空間が引き受けざるをえない、状況そのものに内蔵された条件であり、電話空間に投げ出された「二次的な声」の使命であった。

と同時に、こうした負荷の特質は両義的である。

たとえば、この電話空間がもうひとつのまったく正反対の方向への撤退、すなわち親密性へ閉じこもろうとする傾向をもふくんでいることにも注意しておきたい。すでに知りあっていて、なじんでいる同士に関係が内閉していく傾向である。声に押し付けられた過大な使命は、そのような逸脱をも選びやすくしていく。一九七〇年代の若者を論ずる枠組みとして出された「カプセル人間」〔平野秀秋・中野収 一九七五〕から、今日のケータイを論じるなかで使われている「テレ・コクーン（tele-cocoon）」〔松田・岡部・伊藤編 二〇〇六：一二六〕の安楽志向（あるいは嗜好）まで、親密性に満たされた個室的な根拠地の誕生を一面で支える論理となっているのである。この点は、ことばの政治的・外交的な力を論ずるところで、もういちど考えてみよう。

この章では、複製された二次的な声の空間である電話空間が、距離の消滅ではなく、固有の距離感の生成という特質をもち、ひとにある種の不安を引き受けさせるものであったことを確認しておけばよいだろう。

# 7　空間共有の成功と失敗：テレビ電話の示唆

さて、電話が生みだしたバーチャルな対話空間の生活への介入は、ある種の「不安」と「違和感」とを伴っていた、と述べてきた。前章で素材にした一九六〇年代末の電話をめぐる感想は、そのことを証言している。じっさい電話空間と現実空間の二重化は、対話する身体にとって無視できない新たな負担であった。対面の場を成り立たせていたいくつかの空間秩序が、混乱しはじめたからである。

生活のなかに生まれた空間秩序の混乱とは何か。

それは、空間の問題であると同時に、想像力の問題である。

「テレビ電話」の使いにくさを検討する認知心理学の試みは、面白い補助線をあたえてくれる。テレフォン（telephone）の遠くからの「声」という聴覚情報と、テレビジョン（television）の遠くからの「画像」による視覚情報とを、組み合わせて供給する装置が「テレビ電話」である。送信再生という技術的複製の「二次性」がいささか多元的で、複雑に、また高度に組み合わさっている。それゆえ、そのメカニズムに孕まれている問題を身体論から考え、空間論として理解しようとするとき、戦略的な実験状況を提供する。

認知心理学者の原田悦子は、「テレビ電話」の違和感を分析している。なぜ人びとが無邪気に想像しているような、自然でなめらかな現実の対面状況の再現にならないのか。その意外なギャップに、心理学の立場から取り組んでいる［原田悦子 一九九七：八七―一二七］［日本記号学会編 二〇〇五：一二三―一四七］。

**テレビ電話での会話のぎこちなさ**

まず「意外なギャップ」の「意外さ」の確認からはじめよう。

通常われわれは「交わされる情報量が多いほど、よいコミュニケーションが実現できる」と思い込んでいる。たぶんこの常識的な命題はあまり疑われることなく、多くのひとがおそらく正しいだろうと感じている。その常識によればテレビ電話は、音声だけの電話の利用に比べて、よりよいコミュニケーション、すなわち、より自然な対話を生みだすはずであった。

なるほど、電話には、音声情報しかない。それに対して、テレビ電話は音声に加えて、お互いの画像情報を送りあうことができる。だから情報量という点では、明らかに多い。つまり、さらによい対話が可能になってしかるべきだということになるのだが、現実にはどうか。多くの人びとの感想は、その正反対である。電話での会話に比べて、不自然で話しにくい。ぎこちなくなって、奇妙に息苦しい。「使っていてとても気持ちが悪い」「なぜ話をするのにこんなに緊張しなければならないのか」「やりにくい」「不快」という印象が思いのほか多い。それは何故か。

ここには二次性、すなわち媒介されたコミュニケーションに特有の困難がある。複製技術が生みだした二次的な声と二次的な画像とが、話し手と聞き手のあいだにはさまる。そのことで引き起こされる、感覚の調整や統合における混乱である。

「混乱」というより、「失敗」ととらえたほうが正確だろう。原田は、テレビ電話での奇妙さやぎこちなさは、そのコミュニケーションが「空間をシェア（共有）している」という感覚の構築に失敗していることに由来する、と分析した。

内容である「情報」の共有以前に、いわば形式である認識の枠組みのレベルで問題が起こっている。すなわち、テレビ電話を通じて向かいあっている人間のあいだで、「空間」の知覚が共有されていない。それがじつは対話の結果に深く作用している。この説明の分析視角は、主体の認識の内面的なメカニズムと取り組む認知心理学の観点であると同時に、媒体が関与する状況と媒介の実態に焦点をあてるメディア論の立場に立つ。そして、テレビ電話においては、発話と聴取の経験を支える「空間の共有」、すなわちコミュニケーション行為を基礎づける「対話の場そのものの認識」の共有に失敗しやすい、という。

いわずもがなの蛇足だけれども、ここでの「空間」や「場そのもの」ということばは、「バーチャル」に対立する意味での「リアル」を、直接かつ単純に指し示すものではない。リアルであるか、バーチャルであるかは、結果を左右しない。対話を支えている空間についての認知を、お互いの身体感覚を通じてシェアし、枠組みとして共有しえているか。それが、結果を左右する。もちろん、リアルな空間のほうがいわば「文脈」として共有されやすいということには、統計的な蓋然性があるかもしれない。唯物論風にいえば「自然史の労作」であり成果である感覚器の力能そのものが、いわゆる「現実空間」すなわち「リアルな空間」において身体が獲得したものだからだ。しかしながら、バーチャルな状況においてもまた、そこで許された条件のもとでの感覚の積分として、空間のリアリティは共有されうる。そうした人間に固有の文化的で歴史的で主体的な想像力を無視するのは、いささか不当である。

だからこそ、問題を見失わないためには、考える道具としての用語を意識的に、その性能にあわせて使いこなす必要が生まれる。つまり「リアル／バーチャル」の区別と「共有／非共有」の判定とを、安易に重ねあわせてはならない。別な概念軸として明確に分けて設定し、独立性を保ちながら使っていくことが求められる。通信速度の向上や、画像処理の飛躍的な高速化などは、バーチャルな再現の滑らかさをリアルな現象の時間に近づけるだろう。しかしながら、その「リアル」と「バーチャル」の接近が、そのままリアリティの「共有」を、自動的に保証するわけではない。

## 空間に「ふれる」ということ

空間の共有という論点をめぐって、すこし哲学的な思索の横道をもたどっておきたい。感覚と認識の問題について述べた、坂部恵『「ふれる」ことの哲学』に収められたエッセーである。ここで、坂部は「ふれる」という動詞が立ちあげる空間のかたちについて静かに、そして深く分析している。

「ふれる」という動詞は、「〇〇に、ふれる」とは自然に使うけれども、「〇〇を、ふれる」という形ではまず使われない。他の感覚の場合、たとえば視覚であれば「色を見る」といい、聴覚であれば「音を聞く」という表現を自然に選ぶ。嗅覚の「嗅ぐ」も味覚の「味わう」も、直接目的語に接続する対格の格助詞「を」をともなうのが普通である。このことは、これらの感覚動詞が、「能動―受動、主体―客体の別」〔坂部恵 一九八三：二二〕すなわち、主体と対象とが分化し、直に向かいあっている構造を前提としていることを意味する。

これに対し、「ふれる」という皮膚感覚が立ちあげている世界は、すこし様相を異にする。坂部は、「ふれる」ということについて、何人かの思想家の考察を重ねあわせている。たとえば哲学者でもあったミンコフスキーの、ふれることは「単に感覚によって知覚し、指示することではなく、さらにその展開としてより深くに侵入し、かくしてわれわれの存在のもっとも深い層に」接していることだという考えを引用する。また精神科医の中井久夫が語る「諸々の存在と諸々の事物とがそこにおいて侵され会合する万物照応の深さの世界、深さの宇宙」〔前掲書：二〇〕の存在に関する予感を参照しながら、坂部は「ふれるものとふれられるものの相互嵌入、転位、交叉、ふれ合いといったような力動的な場」〔前掲書：二九〕が、ふれるという行為のもとで生まれていることを説く。

さらに「見分ける」「聞き分ける」「見知る」「聞き知る」という合成語に、この哲学者は注目している。これらの合成動詞は、日常生活においても普通に使われている。これに対して「ふれ分ける」はひどく不自然で「見分ける」と同じようには受け止められず、「ふれ知る、さわり知るといった表現は成立しない」。そこから「ふれるということが、あるものをあるものとして見分け、知るということよりも深くより根源的な経験であること」〔前掲書：二九−三二〕を示しているのではないかと、この哲学者は論じていく。

たしかに「ふれる」ということばが引き起こす感覚には、「さわる」という動詞が立ちあげる世界とは異なる奥行きがある。外形的には同じような行為を指しながら、「ふれる」には主客未分と表現するにふさわしい、作用の場を想像させざるをえない何かがあり、未知で底の知れない何かと肌を接していることへのおののきのような身体感覚がある。これも突飛な連想かもしれないが、音の外形からすればひどく近接して響く二つの動詞表現、すなわち「気にさわる」と「気がふれる」の、意味する動きの深さの違いを思い浮かべてもよい。気にさわるは、ちょっとした気分の障害だが、気がふれるは、存在の根本にかかわる混迷を表現している。

簡単に要約しよう。哲学者坂部恵が論じたように「ふれる」ということは、「ふれあう」といわざるをえないような、接近した相互性と共同性とを本質とする。しかもその相互性は、単なる双方向性という以上に入り組み、混じり合っている。それゆえ、おそらくなんらかの意味での拘束性を持つ「空間」がそこに生まれていると理解するほうが適切である。なにか根源的で動かしがたい、相互規定的な関係性の受容を同時にふくみこんでいるからである。

これは本書で述べてきたように、「ことば」に刻みこまれた歴史性の問題であると同時に、「ことば」が生みだす空間の認識にも深く関わる問題である。

テレビ電話の考察が「共有に失敗した」と論じた「空間」の感覚とは、たぶんこのような質感を持つ空間である。すなわち、ふれあいの相互性を基礎におき、単なる情報や知識の集合という形に分解できない、まさに音の振動の力に充たされて身体を包みこむ、空気の共同性のようなものなのである。

## 双方向性の規範のなかでの情報処理のズレ

本論に戻って、テレビ電話の考察をもうすこし追いかけてみたい。

なぜテレビ電話では、空間の共有感覚がうまく成立しないのか。どうして対話の場そのものの空間としての認識の枠組みが、それぞれの想像力において自然に重なりあっていかないのか。原田は、現実空間のなかでの対話を支えている身体感覚を参照しながら分析している〔原田悦子 一九九七：一一二一―一一二二〕。その分析を手がかりに、私なりに問題を整理すると、おそらく次のようになる。

第一の失敗の理由は、基礎レベルでの情報処理において、身体情報と視覚情報との「ずれ」が生まれていることにある。ここでいう基礎レベルとは、身体の生理神経系システムのレベルであり、人間という動物の認知の基本の枠組みにかかわる。

現実空間において、人間の視覚情報は、身体が得ている別の情報をつねに参照することで、統合的に処理されている。たとえば見る側が動く、あるいは見る方向を変える。得られている視覚情報は自分が動いたことで大きく変化するけれども、自己の移動や視線変化に関する身体情報を媒介させることで補正処理し、奥行きのある安定した三次元の空間認識を生みだしているという。ところがテレビ電話では、「実際に自分の身体の位置をずらしたとしても、画像を通して得られる相手の像は変化しない」〔前掲書：一一一四〕。変化することなく、同じ画面の平面上の同じ位置にとどまっている。テレビ放送番組の画面や、映画のスクリーンの画像と同じである。それゆえ、そこは自分の身体が属している空間の延長ではなく、別な空間がただはめこまれているだけだと感じる。構成原理が異なると認識されるがゆえに、断絶しているのである。違和感は、そうした身体レベルの基礎から立ちあがる。

ここで別な疑問がわくかもしれない。それならば逆になぜ、テレビの番組や映画の享受では違和感が生まれないのか。同じく二次的な媒介であり、画面がこちらの動きで変化しないという点で同一ながら、特別な違和感を感じることがない。

答えは思いのほか簡単である。一方向的なメディアの画像だからである。対話すなわち双方向性が期待されていない。なるほどテレビの放映では、映像が受け手の働きかけからは独立している。しかしながら、その情報伝達が一方向であることは、受け手には当然の前提として了解されている。変化しないことが「ずれ」としては意識されず、テレビ電話のように居心地が悪いとは感じない。むしろ、バーチャルに伝えられている映像や音声の内容だけを、単純に楽しめる。それは、そこで主体に期待されているコミュニケーションが、「放映」という一方向性のルールをはみ出すことなく、安定しているからだ。受け手は応答の責任からは解放されている。それゆえに安心して、いわば「のぞき見」をするだけの観客すなわち消費者の受動性にとどまれる。

これに対して、テレビ電話は双方向の交信であり、相互性を持つ交流である。そうであることが、双方に期待され、ある意味で双方に強制されている。ちょうど電話での会話が応答の即時性を強制するように、である。聞くことにも話すことにも、そして見ることにも、相手の動きに即応した身ぶりが要請されている。ただのぞき見ているだけの傍観者にとどまることができない、、、、、、ないのである。

双方向性とは、ひとつの拘束である。そのメディアと向かいあう者が、受け手だけでなく、そのつど送り手にもならざるを得ないことを意味する。注意してほしい。この「ならざるを得ない」は、結果としての傾向という以上に、その空間においては、行為に先立つ強制である。

## 「見つめられる」ことの受容

つまり音声の電話においては、「聞く」だけでなく「話す」ことが求められる。同じように、視覚が動員されるテレビ電話は、ひとが「ながめる」「のぞき見る」の一方向性だけに留まるのを許さない。「見る」ことに関して、こちらが「見つめる」と同じく、向こうからじっくりと「見られる」「見つめられる」、さらには「のぞかれる」ことを、義務として受容せねばならないのである。

余談だがここで、私はまた「ことば」という道具の不自由と向かいあうことになる。投げかけられた視線を義務として受容しなければならない。そのことを的確に指す固有の動詞は、現代日本語には用意されていない。だから「見られる」という受動態を使わざるをえない。しかし、この行為はここで考察している共有空間の成立においては、じつはきわめて能動的な役割を果たしている。その能動性をあえて「聞く」と同じく、主体の積極的な態度において強調して示そうとする時、なんだか受動態の流用は的を射ていない不便を感じる。

ともあれ、この双方向性の圧力が強い分だけ、「送り手」も「受け手」も、互いの動きに敏感にならざるをえない。そして二つの身体を楕円の焦点のようにして、共有される空間の枠組みが問題となる。そもそも、そのテレビ電話の場は、ローカルな現実空間の延長として存在していない。ある種の断絶を包含している。そのことが、ふたたび身体的な基礎レベルの情報処理において感知されてしまう。

フーコーの「監獄」モデルにヒントを得て原田悦子が注目している、それぞれの主体がまるで「権力」のように感じてしまう奇妙な不均等性も、ここに関わる。

テレビ電話において、それぞれは見る側として、得られる視覚情報が制限されている。すなわち、離れた向こうに設置されているカメラと、見ている主体の神経系制御回路とが直接につながっているわけではないので、「見るところは自分の意志で決められず、また一定の角度内の情報しか得られない」〔原田悦子　一九九七：一二三〕。にもかかわらず、見られる側としては、カメラが自分をつねにとらえ、いつも相手の画面に映し出していることを意識せざるをえない。カメラと画面とが挟まることで、ここにおいて生みだされる空間の認知は、「見る／見られる」という関係において、不均等性あるいは不等価性をはらむ。つまり「見る」ことの不自由さの自覚と、「見られる」ことを全面的に受容せざるをえない状況とのあいだの落差とでもいうべきだろうか。これはメディアの「画面」が介在することでむしろ強められているように思えるのだが、常に「見られている」「注視されている」という圧力の自覚としてあらわれる。

これも余談だが、いわゆる「テレビ電話」的な装置に関する、私などのわずかな経験では、

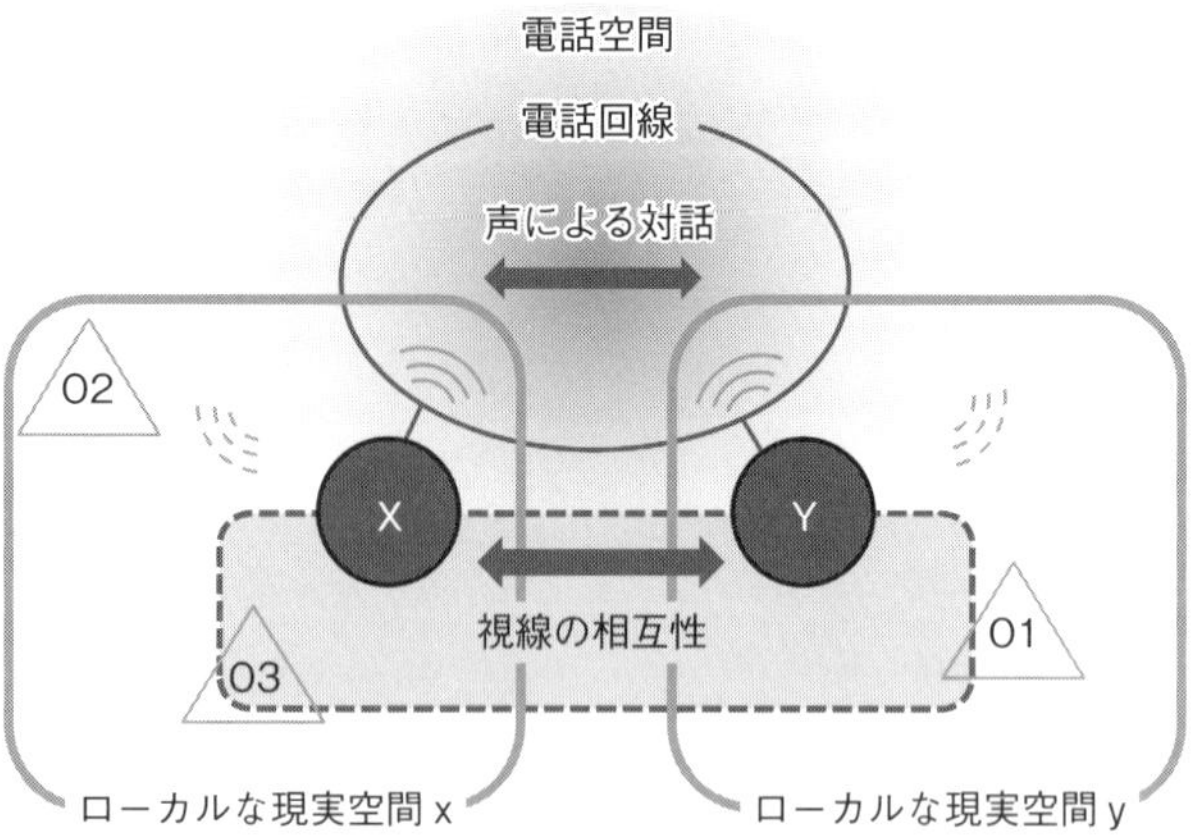


**7-1　テレビ電話による空間構築の模式図**

テレビ電話におけるバーチャルな空間構築では、電話における声の交換に加えて、ふたたび視覚による相互性が導入される。その情報間に生まれる微妙なズレが、空間の歪みとして認識される。

画面の一部に自分の顔があらわれること自体に耐えられず、とまどってしまう。自分の目の前の画面に「相手が見ている画面」が小窓《ワイプ》で映りこんでいることが多いからだ。ふだんは鏡のなかですら、まじまじと見つめたことがない自分の顔が、目のかたすみに見える。その視界そのものが空間の体験としてゆがんでいて、どこか気持ち悪くて落ちつかない。

「見られている」ことが自分に見えてしまうようなシステムだけが、テレビ電話の技術的な可能性ではないと思うが、このような違和感も、身体的な情報処理においては、空間の構成を乱す「ずれ」として、あるいは空間それ自体の歪みとして意識される点であろう。

## 厚みや奥行きのない空間

加えて第二の失敗の理由として、内容としての対話で交換される情報そのものがある。その情報交換が場の認識を分裂させ、空間の共有を失敗に導きやすい。耳だけの電話であれば気づかれない「身ぶり」の意味するものが、目が関わることで認知され、双方が存在する空間が別々であることが意識されてしまうからである。

テレビ電話では、それほど対話の内実に関わらない、意味のない相手の行動ではあっても、対話が行われているバーチャルな空間そのものを分裂させるものとして、違和感とともに浮かびあがる場合がある、という。テレビ電話では、できごとの感知や認知の枠組みとしての空間が、目や耳が自然に構成している、厚みや奥行きをもって共有されない。原田は、次のように説明している。

> 対面対話の場合であれば、相手が横を向き何かに注意を傾けたならば、話者も同じ方向を向いて、何が生じているかを共有することができる。〔中略〕〔テレビ電話では〕話し手から無意図的に提供される情報（相手の視線変化、身体反応など）によって、「何かが起こったこと」は理解できるが、「何が起きたか」は共有できない。〔前掲書：一一四、〔　〕内は引用者補足〕

こうした共有の失敗はよく考えてみると、じつは音声だけの電話の世界の周辺においても、ひんぱんに起こっていることに気づく。

すなわち、電話での会話を側で聞いている傍観者が抱く居心地の悪さと、たいへんよく似ている。受話器を握っているひとの声のトーンが落ち、深刻そうな応対に変わっていくならば、なにか大変な事態が起こっているらしいことがわかる。突然に笑いだせば、面白く愉快なことが共有されているのだろうと思う。しかしながら、何が起こったのか、どんな話だったのかは想像や妄想にまかされていて、たとえば電話のあとであらためて説明してもらうまではわからない。

この事態も「話題」や「情報」が知識として共有されていないという事実以上に、「テレビ電話」のコミュニケーションを成り立たせている「空間」そのものの分裂しやすさ、あるいは歪みとして理解するほうが正確だろう。

## ことばのバーチャル・リアリティ

テレビ電話における空間構成の「失敗」の分析は、逆に狭義の、すなわち回線上の電話空間における対話のバーチャルな「成功」のほうをむしろ、説明しなければならない特徴ある現象として浮かびあがらせるかもしれない。なぜ、別々の場所に空間が分かれているにもかかわらず、そして視覚が禁じられているにもかかわらず、さらには声だけの情報であるにもかかわらず、リアルさに裏打ちされたバーチャルな空間を生みだすことに成功したのか。

おそらく、その説明で鍵となるのは、ふたたび「ことば」である。それゆえ議論は、声としての「ことば」そのものの力の基本的性格に戻っていく。すなわち、声としての「ことば」という、身体的であると同時に社会的な道具のルールを身体化した者にとって、その道具が生みだす意味の世界は、身体的で社会的で空間的なリアリティをそなえている。この道具が可能にしたのは、まずは音による身体の共鳴であり、その上に意味という、バーチャルでありつつもリアリティを持つ効果・現象を立ちあげる、見えない空間の共有であった。すでに論じたことだが、ふたたびその事実が参照されることになる。ことばという道具を使って話しているということそれ自体が、意味のバーチャルなリアリティを立ちあげる基礎能力であった。

この空間の共有の「成功」と並べて考えてみたいひとつの例が、ことばを覚えはじめたばかりの頃の、幼い子どもの電話経験である。

育児日記を付けていたわけではないので、いつの頃からだったかは明確に覚えていない。たぶん二歳の頃だろうか。子どもが通話の途中の電話口に出て、いろいろと受け答えをするようになった。

もっと小さかった時は、受話器を欲しがるから渡してみるとただ握ったまま、向こうからやってくる声をなんだかうれしそうに聴いている。さんざん促されても、せいぜい脇から親に押しつけられたことばを、機械的にくりかえしたていどだった。ひょっとすると、目の前にいない相手の、聞き覚えのある声だけが、手に持った道具から聞こえてくるという体験を、新鮮に感じておもしろがっていたのかもしれない。しかし、やはり相手は見えない。だから、うまくローカルな現実空間の身体感覚のなかに位置づけられず、反応できなかったのだとも解釈できる。

ところがことばの数が増え、それなりにこのことばという記号の操作の経験に習熟してくると、振る舞いかたがすこし違ってきた。そこにいない相手に対する想像力が、あきらかに豊かになり、幅をもって安定してきたように思える。「おばあちゃん」や「おばちゃん」から電話がかかってくると途中から代わってくれとせがんで、受話器に向かって好き勝手なことを喋り、相手との会話を楽しんだのかどうかは不明ながら、しばらくすると突然に母親に受話器を返す。

さて、この赤ん坊以上大人未満の存在の、「電話で話すこと」は何を示唆しているのであろうか。電話空間の成立においても、ことばが媒介する想像力が重要であるという事実である。

二つの論点に注目しておく必要がある。

第一は、ことばの習熟という、ある意味ではそれ自体がバーチャルな記号世界での操作の熟練が、この電話で話すことの基礎となるだろうこと。声としてのことばというオペレーティングシステムの空間性や社会性を、その身体が安定的に立ちあげたからこそ、電話が開発した意外な便利やバーチャルな関係を受け入れて、その場でふるまうことができている。

第二に、しかしこの二歳児の言語活動は、明らかに不完全である。形式的に完結したコミュニケーション行為ではない。電話を使いこなすという一連の社会的行為のプロセスを考えた場合、真ん中に位置する対話の一部分だけである。番号を回したり押したりする最初の重要な接続作業から始まっていないことはもちろんだが、会話としてみた場合も、そこでお礼を言いつつやりとりを区切る「終わり」と、相手を同定したり自分を説明したりする「始まり」の儀礼的なことばが欠けている。受話器を取り上げての最初の発声がなく、終わりのあいさつも伴っていない。すなわち、その社会性は未完成である。

　このいわば完成していない「未熟」が、逆に電話を使う社会の一側面を浮かびあがらせる。電話の使用においては、「ことば」で構成された、ある特定の能力と技術が必要である。電話におけるバーチャルでリアルな成功は、まさしく「ことば」それ自体が媒介する、人間という動物が固有に発達させた身体感覚と想像力において成り立っている。すなわち、電話における対話の成功は、受話器を通じて再生されるなめらかな声の再現技術によってだけではなく、「ことば」を組み上げてつくられた、使い手の社会的あるいは対人的な想像力において成立しているのである。

# 8 留守番電話と間違い電話：浮遊する声

ふたたびテレビ電話の分析が浮かびあがらせた、空間共有の失敗という仮説に戻り、そこに潜む「空間」の肌ざわりと想像力の問題に考察を進めていこう。

ここで論じられている「空間」は、物理的な広がりの認知や事物の配置だけで構成されているわけではない。むしろ、時間の要素が深く織りこまれている。すでに触れた同時性の共有の論点は、そのあらわれである。このことは、あらためて強調しておいてよい。

つまり先に論じた、空間の共有を失敗させる身体情報や視覚情報の「ずれ」には、時間性のずれがふくまれている。そこに注目してほしい。

すでに論じてきたように、声とは現象である。

その現象は、身体の共鳴という同時性を核にしている。

その現象の「場」であると同時に、「容れもの」でもあるような存在が、身体が位置する空間である。容器ともいうべき形式としての空間は、内容としての現象を支えている。

電話が通じつながっている。その経験を基礎において支えているのは、声の同時性の認識である。その同時性の欠落や変容は、容れものとしての空間のかたちや働きを変え、ある意味ではゆがめていく。声の同時性に関わってあらわれる電話空間の「ずれ」や「ゆがみ」の考察は、われわれの対話コミュニケーションを支えている空間それ自体の力という、気づかれにくかった一側面を浮かびあがらせるだろう。

## 時間の共有が織りこまれた空間

電話の経験における時間性の「ずれ」の代表事例として、国際電話の違和感が挙げられる。反応が微妙に遅れる。そのことが、会話をぎこちなくさせていく。たぶんこれも身体の基礎処理のレベルにおいて、空間のゆがみとして意識されているからである。双方向であるがゆえの同時性の規範が深く作用していることはいうまでもない。

しかしながら、このような空間のゆがみは、通信技術の問題であろうか。おそらく通信速度の向上のような、技術の改良だけで解決しつくせる問題ではない。むしろ、存在の相互認知をめぐってあらわれる社会的・関係的な問題である。つまり、「他者」という存在もまたこの空間のありかたに織りこまれている。そのことを、雄弁にものがたる手がかりである。

他者の存在を、リアリティをともなう存在感として立ちあげる。その実感には話し手でもあり聞き手でもある主体の想像力が深く関わっている。この問題を考える格好の事例が、「留守番電話」の話しづらさである。これもまた、電話空間における「空間」共有の失敗の一例と考えてよいだろう。多くのひとたちが、「留守番電話」に対する苦手感や息苦しさを話題にする。その困難の基本は「相手が存在していない」空間にある。

声としてのことばは、相手に届くことを通じて機能する。

そして返答が返ってくる。そのことで、お互いに届いたかどうかが確かめられる。その確証が積み重なっていけば、声のバーチャルな複製の再現であっても、空間を共有している感覚をつくり上げていくことができる。しかしながら、そのためには、相手がそこに存在しているという意味での反応の継続的な「同時性」を織りこんだ、「今ここ」での電話空間が、まさに「空間」として、話し手の想像力において成立する必要がある。

にもかかわらず留守番電話は、それが今は不可能であることを最初から宣言している。「ただいま留守にしております。御用のかたは、ピーという発信音のあとにお名前とご用件をお話しください……」というメッセージは、聞いて応じてくれる主体の不在をはっきりと告知する。相手はそこに存在せず、同じ時間を共有していない。その状況の認識を、話そうとする主体の想像力に明確に、そして否応なしに押しつける。

もし「居留守」であることが明らかなら、話し手はきっぱりとまったく別な態度が取れるだろう。すなわちメッセージ内容に反して、相手は必ずそこに存在しているという特殊な確信があれば、留守番電話に対しても「わかっているわよ。そこに居るんでしょう。早く出なさいよ」という、同時性を前提とした、まさに「活き活きとした」あるいは「生々しい」会話をはじめられるかもしれない。

しかし普通には、そうしたメッセージを裏切るような現実は想定しにくい。相手は、言明の通りそこにいないはずであり、ゆえに同じ時間をそこでは共有していない。

不在であるという認識を前提にして、なお「留守番電話」では通常の会話の場合と同じく、声にして話すことが強要される。それは、じつに不自然な「ひとりごと」である。存在していないことを明確に意識しながら、その意識を裏切って、まるで存在しているかのように、声に出して話しかけなければならない。そうした通常ではありえない振る舞いが、そこで強制される。いうならば、突然かつ一方的に、「ひとり芝居」を要求されるようなものである。誰が見ているわけではないが、聞くに堪えないものであることは、誰よりも自分自身が自覚している。だから緊張して、あがらざるをえない。声は最初からその場では受け取られることなく、対話の現在性は不可能なものとして、あらかじめ失われている。

そもそも、声のコミュニケーションにおいて、相手の不在そのものが不自然である。

身体を取り巻く世界から相手の存在の同時性が欠落することは、録音機のような技術の発明

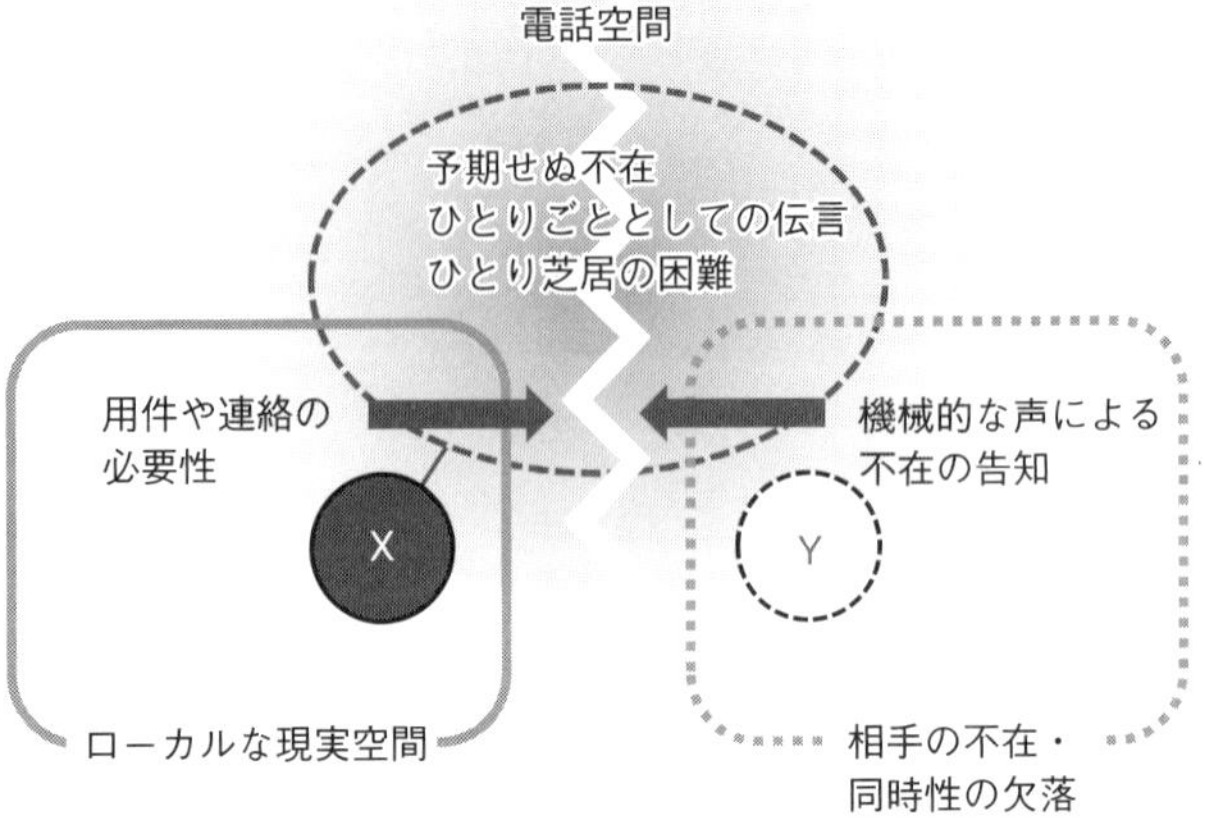


**8-1　留守番電話における失敗の模式図**

留守番電話では相手の不在が前提とされ、同時性が欠落することによって、共有できる空間がすでに失われている。予期せぬ演技が求められ、ひとりごとが強いられるために、居心地の悪さが拭えない。

以前には、ありえない現実であった。であればこそ、この状況は動物の身体の自然において、話しづらい。受け止められていないことがわかりきっている状況において、一方的に話しかける。そのためには、たとえば「演技」にカテゴライズされるような修練が必要である。しかも、俳優たちに課せられる「演技」とも異なる。演技は、ただ黙って見ているだけの存在であれ、観客の共在を前提としている。それに比べ、留守番電話の内側には、聞いている人間が自分以外には誰もいない空虚な空間しかない。ここで強いられているのは、舞台のうえの「ひとり芝居」以上に、もっとわざとらしい、それゆえに困難な情況である。

## 留守番電話の不機嫌

留守電に残されたメッセージは、なぜかたどたどしく硬く、どこか不機嫌に聞こえる。その理由も、まさにここにある。この三〇年でずいぶんと変わったけれど、まるで書かれた台本のセリフを、平板にそしてつまらなそうに読み上げているかのような口調で残される。そのぎこちなさは、すでに確定している共有の失敗に由来する。すなわち、同時性が織りこまれた空間は、すでに不可能なものとしてあらかじめ失われている。

こう書きながら思い出したのは、向田邦子のエッセーである。

向田が記録しておいてくれた父親の次のような反応は、留守番電話メッセージでくりかえされる決まり文句の要求が、明治生まれの人間にとって、いかに無理無体な「演技」の要請であったかを暗示している。

今までに、一番無愛想な電話は、父からかかったものだろう。

「ウム」

どういうわけかまず物凄いうなり声である。つづいて、

「向田敏雄！」

と自分の名前をどなり、

「すぐ、会社へ電話しなさい。電話××の××××番！」

噛みつくようにどなっている。なにか気に障ることでもしたのかと泡くってかけたら、お能の切符をもらったから取りにこいというごく普通の用件であった。父は八年前に亡くなったが、留守番電話で声を聞いたのはこれ一回であった。［向田邦子 一九八一：五四－五五］

たぶん向田邦子の父親も、娘が留守番電話という新しいしかけをそなえたとも知らずに電話をかけ、存在していない相手との向かいあいかたがわからず、どう振る舞ってよいものかに戸惑ったのである。「お名前とご用件を」という、まるで当然のように、厚かましくも突きつけられる要求を、テープの機械的な声とはわかっていながら、しかし黙りこくったまま無視するわけにはいかない。

向田敏雄氏はまことに律儀だった。

名前と用件をお話しくださいとは、いささか率直には過ぎるものの、断りにくい当然の要求である。だから、文句をいうわけにもいかない。うなり声としか聞こえない躊躇も、怒っているとしか見えないほどの困惑も、不得手で不本意ながら、要求に従わざるをえない事態に直面した瞬間の不機嫌として理解できる。

**間違い電話の不愉快**

要求に対する誠実な対応を放棄して、切ることでこの空間から逃げ出してしまうことも、実際にはできる。そうした行動は、じつは「間違い電話」が回線上の電話空間に生みだしている事態と酷似する。

間違い電話が腹立たしいのは、もちろん相手の言動の具体的な失礼や、何も言わずに切る応対の無礼ということもあるが、その結果として空間の共有の失敗というか破綻の理不尽が、やや一方的なまでに受け手の側に押しつけられるからである。

電話で腹が立つのは、間違いの電話がかかるときである。間違いに気づくと、むこうは大抵そのままガチャンと切ってしまう。失礼ともなんとも言わない。（北杜夫）［南北社編　一九六七：四三］

たぶん電話をかけた側としても、予想外の事態であったにはちがいない。しかし突然の切断で生みだされたのは、意味づけられず精算されないままに放り出された時間であり、そこで電話が鳴った理由のわからなさであった。その無意味さと理不尽さは、どちらかといえば受け手の側に、不均等な強さで押しつけられる。回線接続の意味は宙ぶらりんにされたまま、受け手としてはたぶん間違い電話だったのだろうと、不愉快にも推測することしかできない。

そしてまるで居室のドアを乱暴に閉められた拒否のように、「ガチャン」（これは受話器をフックのある台に乱暴に置く時の実際の音を真似た描写である）と切られた音の異常さだけが、耳に

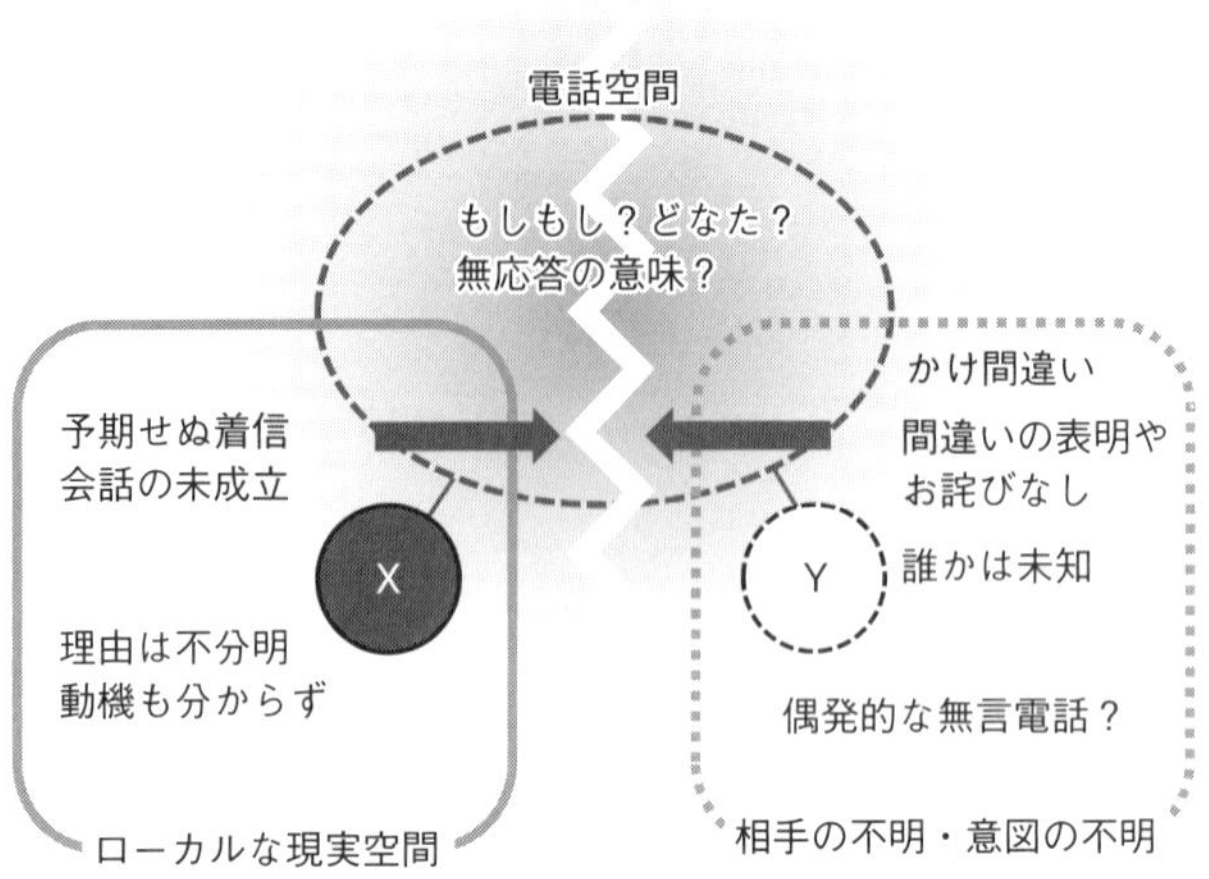


**8－2　間違い電話（あるいは無言電話）の模式図**

留守番電話の予期せぬ居心地の悪さが、双方に強いられた状況こそが、間違い電話の状況である。もちろん、留守番電話と異なり、その場の会話において出来事を収拾していくこともできるが、距離ゆえの逃走もまた容易である。無言電話は、その距離の意図的な悪用である。

残って腹立たしい。

実際に、多くのマナーの書物が、電話での会話の終了を確認したあとに丁寧に受話器を置くことを注意しているのは、偶然の符合ではない。相手の耳に届けられてしまう意図せざる意味を配慮するからである。たとえば、三越百貨店の店員向けの電話応対心得には、以下のようにある、という。

五、電話は、必ず先方がお切りになってからこちらで切ってください。先方のお話がまだすまないことが往々にあります。

六、受話器は丁寧に取り外しをしないと、往々先方様の耳に強くひ

びくことがあります。［神田計三　一九五三：一六八］

同様の相手への配慮を、NHKのアナウンサーが書いたあるマナーの書物では、次のように説いている。ここでも、会話の終了をどちらが決めるのかという、現実空間でいえば別れる際の「お辞儀」の仕方にも似た心づかいとともに、受話器を置くときの音に対する気配りを記している。

電話が終わって、サテ、どちらが先に受話器を置けばよいのか。これは、普通かけた方が先に置きます。ただ、かけた相手が、自分より目上の方だったら、先方が置かれるのを待って自分が置いても構いません。ゆずり合って両方がなかなか置かないこともありますが、いずれにしても「ガチャン」と乱暴に置かないで下さい。

これも電話機の性能がよくなったせいか、かなり大きな「ガチャン」なのです。普通の家庭の受話器が卓上型で、上から置く形になるので、力が加わって「ガチャン」になるのかなとも思うのですが、なるべくソッと置きましょう。［後藤美代子　一九七五：八三－八四］

**戸惑いを前にしたたしなみ**

先に挙げた向田邦子が、理解しがたいほどに不機嫌な父のメッセージの逸話のあとに述べている、留守番電話に残された年配女性からの「間違い電話」のエピソードは、間違えてしまったことへの戸惑いと留守電ゆえの届かない一方向性、すなわちどうにもならない時間の絶対的な「ずれ」に、なんとか必死に対処しようとしている丁重さにおいて、深く印象に残った。たぶんこの年配の女性は、「ピーという発信音のあとに、お名前とご用件をお話しください」という留守番テープの音声を、いつもの日常の対面状況での会話と同じように、ことば通りに受け止めたのだろう。発信音のあとに録音された声は、次のように始まる。

「名前を名乗る程の者ではございません」

品のいい物静かな声が、恐縮し切った調子でつづく。

「どうも私、間違って掛けてしまったようでございますが。――こういう場合、どうしたらよろしいんでございましょうか」

小さな溜息と間があって、

「失礼致しました。ごめん下さいませ」

静かに受話器を置く音が入っていた。

たしなみというのはこういうことかと思った。この人の姿かたちや着ている物、どういう家庭であろうかと電話の向こうの人をあれこれ想像してみたりした。お辞儀の綺麗な人に違いないと思った。〔向田邦子 一九八一：五五―五六〕

ここで指摘されている「たしなみ」が問題にされる文脈、すなわち見知らぬ他者と向かいあったときの振る舞いかたは、次章で光をあてるテーマである。印象深いのは、この対応にふれた向田邦子の想像が、身なりやお辞儀のしかたという視覚にまで拡がっている点である。

まさにそれがバーチャルにであれ、見えるように感じたのであろう。

機械再生のテープの声にしか接していない老婦人には、気まずい失敗の記憶しか残らなかったかもしれない。けれども向田の側には、単なる「間違い電話」という以上の共感が生みだされた。双方向からの空間共有とはいえないが、無言でガチャンが生みだす不愉快や断絶とはまったく異なる。こうした状況の構築にも、ことばというメディアの力と、その使われかたが深くかかわっていることを見落としてはなるまい。

**他者の沈黙をも織りこんで**

問題となっているのは、単なる情報の共有ではない「空間の共有」である。それは他者の存在をふくみ込んで成立する。

そこにおいて付け加わってくる、重要なもうひとつの論点を、別な角度から補完しておこう。「無言」と「沈黙」の違いである。たぶん、それは無言電話において問われなければならない「暴力性」の本質をも浮かびあがらせる視点でもあるはずだ。

「ケータイ・ネット依存症」という表現で、ジャーナリストの柳田邦男は現代の根深い病理を批判した。インターネット環境が整備されるなかで、パソコンのメールやテレビ電話を通じてのカウンセリングまでもが可能になった。しかし柳田はそのカウンセリングには、なにか「手が届かない」という「特有の疎外感」があると指摘する。臨床心理学者の河合隼雄もまた「つかみどころのない〝それ〟に耳を傾けようとして、二人の人間が共に沈黙を共有する」という姿勢が「心理療法の中核」であり、それは「あらゆる深い人間関係の基礎にあることではなかろうか」と述べているという［柳田邦男 二〇〇五：三六－三七］。この河合の表現に柳田は共感しつつ、次のように説く。

カウンセラーは来談者が怒りや葛藤を整理することも言語化することもできないで、苦渋に満ちた表情で座っている時、じっと待つ。来談者が自分で言葉を見つけるのを見守る。いたずらに誘導的な言葉を発したり助言的なことを言ったりすると、来談者が自ら内面を整理するのを壊してしまうおそれがある。このような沈黙とは、逃げることではなく、真剣に向き合うことなのだ。ケータイやパソコンのメールで、こんな深い沈黙の時間を共有できるわけがない。［前掲書：三八］

ここでいう「沈黙」は、声を出さないという現象を指すだけの「無言」とは違う。声にならない沈黙の役割は、ここでこれまで論じてきた、まさに身体を支える空間の構築という問題とじつは重なりあう。沈黙はそこににじみ出し、そこに留まり、そこを満たしている。そして、われわれは沈黙に「触れる」のである。

しかしながら、電話空間においては、すこし状況の前提が異なってくる。河合隼雄や柳田邦男が論じているような「無言」と「沈黙」とのスペクトル（波長あるいは成分構成）の違いが見えにくいからである。現実空間では、沈黙もまた空間を満たす重要な要素だと感じられるのに対して、電話空間では多くの場合、沈黙は無言と見分けられることなく、音が聞こえていないことを意味するだけに終わってしまう。

柳田邦男は、夫と死に別れて打ちひしがれていた女性が経験した、やさしい沈黙に満たされた空間の例をあげている。そこは、死別体験者たちの自助のピアグループの会合であった。

その女性は、その年の一月に、五一歳になったばかりの夫を亡くした。夫婦で俳句を趣味にして二〇年、喪失感と悲しみはあまりに深かった、という。死別体験者たちの活動の「分かち合いの会」に出てみる気になったのは、もう夏になった頃で、札幌市内のクーラーの効いた事務所で開かれた月例の会を訪ねた。この夫を失った女性は「辛さや悲しさを思いっ切り話し、思いっ切り泣きたかったが、何も話せず、他の人の話に涙するだけだった」という。しかし誰もが、黙っているこの新しい参加者に「無理に発言させよう」とはせず、「あたたかく包むような眼差しを向けてくれていた」。この日の会に参加しての気持が、黙って帰宅する地下鉄の車内で〈沈黙というやさしさありて部屋涼し〉という句になってあふれでてきたと、この女性は柳田に話す［柳田邦男 二〇〇五：三八］。

## その空間は沈黙を共有しうるか

こうした心の通い合いについて、柳田はきびしく「ケータイやパソコンを介したコミュニケーションでは絶対に得られない」と断定している。いささか技術決定論の匂いも漂っていて、そこまでアプリオリ（先験的）に断定することは、私としてはなお慎重に保留しておきたい。メディアを介したコミュニケーションは、技術の問題ではなく、感覚や想像力の働きに依存しているからである。もしかしたら、もっと若い世代の電子メディア熟達者たちは、すこし異なる判断を示すかもしれない。たとえば一方で「対面コミュニケーション」から独立した「電話コミュニケーション」の可能性に期待をかける富田英典は、辻仁成の小説『ピアニシモ』のなかの「伝言ダイヤル」での会話にあらわれる沈黙の風景を引用しながら、「電話での沈黙は、直接会っている時以上に、二人の心をつなぐ言葉以上のメッセージとして機能している」［富田英典 一九九四：五七］と説き、「安らぎさえ生みだす」と論じている。

もちろん、その結論を承認する前に、そう断定した根拠や測りかたが検討されなければならない。また富田がイメージするような密室に近い電話空間のなかでの二者関係と、柳田が見つめている未知の多くの第三者的な存在をふくむ会の風景とでは、状況の構成要素それ自体が大きく異なっていることも無視することはできない。電話空間のなかでの〈対〉に限られた二者関係と、〈対〉として在った相手の死別や喪失と向かい合ってことばを失っているひとを受け入れる第三者の集団とでは、共通には論じられない構成要素の差異があるからだ。それゆえ、十分な検証が必要ではあるものの、逆に沈黙を共有する可能性を最初からありえないと退けるのも慎重さを欠く。

だからここで議論しておきたいことは、それよりもだいぶ手前の位置にある。

重要なのは、メディアの達成を情報の瞬時の共有に還元してしまうのではなく、あるいは伝達情報量の測定に解消してしまうのではなく、空間の問題として設定し直すことである。すなわち、沈黙する他者の存在をも受容しうる空間の共有、もしくは空間構築の失敗として検証し直すことである。その空間は傍らに寄り添うかのように存在する、他者の沈黙を共有しうる場なのかどうか。

この論点は、人間がつくりだした「バーチャルな空間」として論じられることが多い「メディア空間」の分析に、さらには私がここで「ことば」の考察から迫ろうとしている「ケータイ」論に、大切な問題を提起していると思う。

# 9　他者の存在の厚み：あるいは第三者の位置

前章では、送り手や受け手における、基礎的で身体的な情報処理を問題にして、電話の使用における空間の共有を分析してみた。「空間」を満たしている感覚にあえてこだわって、ケータイをふくむ電話を見る視点を拡張したいと思ったからである。それは、3章で論じた「ことば」の空間性という視点の拡大でもあった。

そこで浮かびあがってきたのが、他者の沈黙の受容という意外な論点である。沈黙が担う深い意味への配慮は、テレビ電話を論ずる際に、さしあたりの手がかりとして使った「情報量」という工学的なカテゴリーそれ自体の貧しさにはね返るものであった。

「情報量」ということばのもとでは、「沈黙」概念の、どこか哲学的な奥行きは顧みられずに切り捨てられてしまう。沈黙とは情報量ゼロの状態である、と措定されてしまいがちである。しかしながら、そうすると死別体験者の自助グループの会合での経験や、カウンセリングの場での沈黙の許容が、コミュニケーションの場で果たしている役割が見えなくなる。「情報量」というカテゴリーを支える前提枠組みについてもまた、再検討と調整が必要となる。

情報量の多さや少なさを、もしも信号情報のビット数においてではなく、受取人の身体が感受する意味情報の大きさや強さにおいて測定するならば、沈黙は単純に情報量「ゼロ」とはならず、もうすこし幅と奥行きのある見かたが可能になるだろう。空間共有における他者の沈黙の受容という論点は、コミュニケーションやメディア・テクノロジーのとらえかたそのものを規格化している「情報量」測定の基本枠組みをゆるがしていく。

7章で論じたように、「情報量の多さ」が、より「自然」に近いコミュニケーションを自動的に成立させるわけではなかった。その逆説を検討したテレビ電話の分析が示唆的であると私が感じたもうひとつの論点も、そこに関連している。そこでは「対話の場」の認識において、あるいは空間の共有の理解において、発言することがない他者の存在が果たす役割の重要性が指摘されていたからである。

### 第三者としての他者の存在

従来の「対話」の分析で、第三者としての他者はどう考えられていたのか。

対話の参加者同士の第二者（相手）の位置にあらわれる他者認識は重視されていたものの、第三者的な他者の存在については、あまり注意が払われてこなかった。そうした他者は、当面の対話の内容の外側にとどまっていたからである。しかしクラークという言語心理学者は、「そこに誰がいるのか」によって対話のモードや規則が変わるという事実を指摘している、という。原田悦子のテレビ電話の分析では、それを踏まえ、その場を構成している人間の関係の認知や、それに応じた対話ルールやモードの選択もまた、「場の認識」の内実ととらえている［原田　一九九七　二〇〇五］。なるほど、テレビ電話が話しにくいという評価の前提に、そのような他者の存在の認知をふくむ「対話の場の認識」の失敗を置くことは、仮説の魅力的な拡張である。空間の共有という説明の試みにおいて、技術的で物理的な側面だけでなく、現象的で人間的な側面を加えることになるからである。しかしながら、私が考えてみたいのは、抽象度の高い「対話のモード」の類型設定ではなく、むしろ「第三者」の存在を考慮に入れることで開かれる視座の拡大のほうである。

「テレビ電話」の複合的な二次性から、音声だけの「電話」と「ケータイ」の考察に戻って、他者の存在という論点の意義を説明してみたい。

電話空間の分析においてもまた、第三者としての他者の存在を充分に視野に入れてきたとはいいがたい。会議中や、みんなでおしゃべりしている時にかかってきたケータイに出て、話しはじめる。そのことがもたらす違和感は、じつは固定電話時代にすでに存在していた電話空間の構造を引き継いでいる。すなわち、6章から論じはじめた回線上の電話空間と、身体が位置する現実空間という二つの空間の、接合と分裂の問題である。そこには、微妙なかたちで、他者を排除したり無視したりしやすいしくみが埋め込まれていたのである。

## 他者をまきこまない「親密」と他者がかかわれない「内密」

すでに指摘したように、電話での通話はローカルな現実空間において傍観している他者をまきこまない。その一方で、電話は他者とのじつに密接な関係の形式を生みだしてもいる。つまり、その受話器の形態は、耳元での声の再生によって、通話の相手としてあらわれる他者との親密な二人だけの距離を、ある種バーチャルに実現している。

空間の「分裂」ともいうべき、奇妙なズレがすでに生みだされている。

そのことを、じつは受話器を持つ主体自身はあまり意識することがない。

これは、電話空間の重大な特質のひとつである。受話器をにぎっている主体だけが、回線上の電話空間と、ローカルな現実空間の双方に存在しているからだ（九二頁 図6－6）。むしろ、回線上の空間の外に在って傍観している第三の主体のほうが、ローカルな現実空間にしか存在していないがゆえに、そこに生みだされた特有の断絶や疎外感に気づく。こうした空間共有の基本的な不均衡が、この電話空間には、不可避の副作用としてプログラムされている。

他方において、二人だけの対話の成立しやすさもまた、電話空間のもうひとつの本質である。

その距離の近接は、形式としては現実空間における「親密さ」とほとんど等しい。相手の耳元でささやく。現実空間の一次的な声の世界において、「耳うち」の行為は特別の意味を持つ。内密に伝え、二人だけで分かちあうべき内実をあらわす身ぶりだからである。

もちろん受話器の耳元での声が再生している情報は、ローカルな現実空間での「恋人たちの会話」や「内緒話」とは、ほとんどの場合まったく内容が異なるものだろう。しかしそれが二人だけの直接対話であって、電話回線の外にいる誰にも聞かれていないことは、まぎれもない事実である。そうした形式のうえでの特質が、回線上の電話空間を縁取り、意味づけている。回線上での関係の直接性が高まっていけば、回線の両端に位置する双方の身体にとって、それぞれのローカルな現実空間で傍観する第三の他者たちは、無関係な邪魔者以外のなにものでもなくなる。そこには、他者を巻きこまない「親密さ」への傾きがある。

以上のような形式のもとで、回線内のやりとりを直接に傍受する「盗聴」は、「通信の秘密」の侵害であり、許されないスキャンダルになる。しかし、まわりにいる他者が電話での会話を耳にすることは、通信傍受のような不法行為とは異なる。その空間に居合わせた人にはあるていど公開され、ある意味で許容されているといってもよい。もちろん、あからさまに聞き耳を立てることは「不作法」である。しかし、うれしい知らせならばともに喜び、心配そうな声の調子なら何があったのかを尋ねるていどの、傍らからの関与は許容される。

ローカルな現実空間に存在する、傍らの他者にとって、回線上の会話はどのような意味をもっているのか。傍らにいる他者には、回線の向こう側からの声は聞こえない。その事実自体が、目の前で話している受話器を持つ主体の行為を、誰とも知らない相手へのあからさまな「耳打ち」に変えていく。ローカルな現実空間においては、電話で誰かが話しつづけていることそのものが、奇妙な「内緒話」を目の前にしている居心地の悪さを与える。人びとが現実空間であると思っている空間は、そのことによって、受話器を持つ者と、傍らにいる者との、それぞれに別々な時間へと分裂しはじめる。

現実の対面関係であれば、そのたぐいの居心地の悪さを、行為を通じて解消していくこともできる。その場を修復し共有しようとする努力が可能だからである。声を低めて耳打ちをしているところを、居合わせた仲間が見とがめるともなく「なにを二人だけで仲良く内緒話をしているの?」と働きかけ、その二人が「いやいや、そういうわけではないさ、じつは……」と受けてとりあえずの説明が始まる。そのようにして空間の分裂が回避され、共同性に回収されていくこともあるだろう。

しかし電話空間の二次性（あるいは非一次性）は、そうした自然な関与を、ほとんどメカニズムのレベルにおいて排除している。傍聴者には通話の相手はまったく見えない。そして回線の向こうで話している通話の相手にとって、回線のこちらにいる自分の傍らの傍聴者は想定外の存在で、何の意味ももたない。話題を対話空間の傍らに存在している第三者に、共有しうるものとして開くようなことは、そもそも不可能である。ケータイをふくめた電話の日常生活への侵入が、そのつど現実空間に亀裂をもたらすのは、それゆえである。

しかも、すでに論じたように、受話器を握る主体だけは、電話空間と現実空間の双方の接点にいるため、亀裂を気にせずに、気がつかずにふるまうことすらできる。しかしながら、傍観する他者は、否応なく亀裂に気づき、その居心地の不安定さを意識せざるをえない。もし受話器を握っている主体が、傍らに存在する他者への配慮を失っているなら、ローカルな現実空間にもたらされる緊張は、その分だけ長引くだろう。受話器を握る主体が自己中心的に熱中すればするほど、傍らの他者的存在は所在なく取り残され、無意味なものになってしまう。

しかも、ケータイは「モバイル」メディアとして、空間を自由に動き回る。ケータイの誕生とともに、玄関や居間や個室や机に固定されていた電話が、自由に移動することになった。この自由に動きまわるケータイの時代において、この居心地の悪さや気まずさは一気に社会のあらゆるところに持ち運ばれ、社会問題化したのである。

## 「傍ら」と「向こう側」における他者の厚みの希薄化

論点を先取りすることになるが、ここで浮かびあがらせたいのは、いうまでもなくマナーの問題ではない。第三者としてあらわれる他者の存在形態の変容である。

それは、現代のケータイを論ずるにあたっても、さらにはケータイを広範に受容した社会空間に生まれつつある新たな事態を考えるにあたっても、重要な分析視角のひとつになるだろう。

すなわち、明確に意識されないままの「第三者の退場」である。あるいは「第三者の変容」を媒介として進んでいった、コミュニケーションにおける一般的な「他者の存在の希薄化」といってもよい。コミュニケーションの空間において、他者の存在が持つ意味が希薄となり、ともすれば配慮すべき要素から欠落してしまう。

焦点をあてるべきは、他者の実在でも非在（あるいは疑似性）でもない。ここで考えなければならない他者は、回線上の電話空間とローカルな現実空間の両方に、ともに存在する。くどいようだが、問題はリアルとバーチャルの区別ではないのだから。あえていうならば、問題は話し手や聞き手という主体のなかで作用する、他者への想像力の変容である。

回線のなかにあらわれる「他者」には、じつは話し相手（すなわち聞き手）それ自体もふくまれる。そして、ここでいう他者は、基本的に複数形である。それゆえ、この希薄化のプロセスは、二つの局面を有する。

すなわち、電話機がある現実空間での傍らの他者の分離と、回線の向こう側に存在する他者たちとの関係変化である。そのそれぞれの局面で変容が進んでいった。

八七頁の「アンティオーク在住の老人」の思い出話のエピソードにおいて、電話空間が傍観（傍聴）する他者、すなわち第三者としての他者を同一の経験のなかに巻きこまないものであることを指摘した。電話がつくり上げたコミュニケーションは、第三者にまでゆるやかに拡がっていた空間に分断の境界線を引く。一方において、第三者が取り残されるひび割れたローカルな空間を、他方において、声によって囲いこまれた回線上の親密圏を析出させていく。この変容の積分としてあらわれてくるのが、ここで論じたい第一の「第三者としての他者の存在の希薄化」である。

しかし、このことは他方で電話空間に巻き込まれた主体の声の実践から、さまざまな「外部性」あるいは「社会性」への対応の厚みが失われ、薄くもろいものとなり、あるいは欠落していく事態とも呼応していた。そこでの「外部性」とは、親密や熟知の外側を意味する。未知の領域をふくみこんでいるという意味での「他者性」であり、礼儀や応対や交渉の政治性が必要となる「社会性」である。つまり外部性に対応することばの力の衰退という形で、第二の形態における「第三者としての他者の存在の希薄化」の問題があらわれる。

「傍ら」と「向こう側」という位相の異なる二つの側面が相補いあって、第三者としての他者の存在の意味が薄らいでいく。それは、固定電話からケータイまでを貫いて、電話空間が見失っていく社会性そのものである。そこで次章では、第一には空間の構造のほうから、いわば傍らの他者との関係をとりあげ、第二には主体の実践のほうから、相手の向こう側に拡がる他者を考えてみたい。

# 10　呼び出し電話の消滅と電話の家庭化

まず、「傍ら」の他者との関係の希薄化をふりかえりながら論じてみたい。そのとき素材になるのが、「呼び出し電話」の習俗である。

「呼び出し電話」という習俗も、それが日常的に普通にあった事実を覚えていて、特有の不便さを知る世代はすでに四〇代以上であろう。名簿の電話番号欄の数字の前後に、「(呼)」という文字がついているのは、この呼び出し電話だった。電話を持っていないひとが、たとえば電話がある近所の家に取り次ぎを頼み、呼び出してもらって使う共同使用の習俗である。下宿屋や寮のような「準世帯」の電話にはずっと後まで、取り次ぎや呼び出しの便宜が残った。しかし普及率の低い時期ばかりでなく、一九六〇年代の後半からの急速な家庭普及の拡大期においても、過渡的な習俗として普通の家庭で近隣をまきこんで、まさに普通に行われていた。

ケータイの世代からすると、ダイヤル式の黒電話（九九頁 図版）すら「化石」のような遺物である。しかし、モノならば存在それ自体が、かつてあったという事実の証言者になる。それに比べて現象としての習俗のほうは、もっと面倒である。それを体験していない世代に記録だけでは伝わりにくく、体験していたはずの世代の記憶もまた消え去りやすい。

「呼び出し電話」では、電話を受ける行為それ自体に、一定の社会性が織りこまれていた。傍らの他者との交流や、第三者との関係性の維持という課題が、電話空間においても深く刻みこまれていた、その忘れられた歴史を「呼び出し電話」は証言してくれる。

## 「呼び出し電話」の社会性

小説家で脚本家でもあった北條誠が「呼び出し電話」の実態について、具体的でわかりやすい回想を残してくれている。

北條の中学生の頃だから昭和のはじめの一九三〇年代で、住んでいたところは、東京大井町の高級住宅地であった。しかし近所で電話を持っている家は少なく、「呼び出し電話」があたりまえであったという。電話の所有は、よほどの富裕層か地位の高い人に限られていた。北條は府立一中（後の日比谷高校）という当時の秀才校に通っていたが、ここではさらに富裕な家の割合が高く、東京各地から集まった生徒たちの多くは家に電話をそなえていた。

生徒名簿の住所の下に電話の記入してある友達を、ぼくがどれほど羨み、どれほど憎んだことか。中学の上級生ともなれば、友達同士で電話をかけあう用事も多い。こっちがかけるときは……まだいいが、かかってきたときはみじめであった。家から二分くらいのところにそば屋がある。五分くらいのところに酒屋がある。その二軒が呼び出してくれるのだが、

「坊ちゃんに電話ですよ……」

と、言われるたびに、わざわざしらせにきてくれたその店の人に対する気がねで、身がすくんだ。台所口から下駄をつっかけて、そのそば屋か酒屋まで、走るのである。相手を長く待たせてはいけないという、気のあせりであった。

そして、やっと先方に到着すれば、

「すいません。毎度お手数です」

と、息をはずませながら、その店の旦那や女将さん小僧にまで愛想をふりまく。（北條誠）

［南北社編 一九六七：九六−九七］

呼び出し電話では、電話を受けるという行為それ自体が、傍らの他者をまきこむ。その関係を保持するための社会性が、電話の使用において必要とされていた。当然ながら、この「坊ちゃん」には、会話をあまり長引かせてはいけないという配慮とともに、電話を切ったあとにも、

店の人たちにお礼の挨拶をする社会性が要求されただろう。

もちろん、受ける側だけでなく、電話をかける側にも、その社会性への配慮が必要であった。たとえば一九五〇年代の初めは、今日の電話普及の状況からすれば、異文化といってもよい「未開」の段階である。当時刊行された礼儀作法の書物によれば、まだ「米国のように大抵の家には電話があると云うところまでは行かなくとも、急激に普及発達を見るであろうことは明らか」〔神田計三 一九五三：一五〇〕であると考えられていた。すなわち、遠からず電話は急速に普及するだろうとは予測されていたけれども、一家に一台備えるようになるのは、まだまだ夢物語だと思われていた時期である。当然ながら呼び出しで利用する電話は、普通の風景であった。同書は、呼び出し電話をかけるほうの意識を次のように説明し、望ましい取り次ぎのありかたを期待している。

愛想よく取り次いでくれれば有難いが、如何にも厄介らしい返事をされたり、ロクな返事もして貰えないようなときには、情けなくなる。〔中略〕何れ向う同志では「呼び出しが掛かったらよろしくお願いする」と、平素の了解はついていて、盆暮のつけ届けくらいはしているであろうが、生憎本当に忙しいところへ掛けたり、隣同士の仲違いをしていることを知らないで呼び出しを頼んだりすると、ひどい返事にぶっつかることもある。若しその家の電話が、頻繁に使われる忙しいものであることがわかっていたら「こちらは神田の小山と申しますが、お隣りの山本さんへ至急電話をかけてよこすように、おことづけ願えませんでしょうか」と先方の電話をふさがないようにすべきだ。〔中略〕頼まれる方でも、先方にこれだけ気を使って恐縮しているのであるから、なるべく気軽に愛想よく取次いで上げてほしい。

［神田計三　一九五三：一六〇―一六一］

**家族内の呼び出し電話**

さて先に引用した北條家の場合も、最初の頃の取り次ぎはそば屋や酒屋だったが、やがて自宅の隣りの家の電話を借りての呼び出しになる。「隣の長尾さん」とは懇意にしていて、呼び出しの気がねや拝借の遠慮は、以前に比べてずっと減っていたが、「坊ちゃん」には個人の交友関係の電話、すなわち「プライバシー」に関わる別な悩みがはじまる。

女友達からかかってきたときに、何とも照れくさい。さも野暮用の電話のように、わざとぶっきら棒な受け答えをする。電話を切ってから急いで尾山台の郵便局まで走った。郵便局の電話を借りて彼女にかける。

「いまはごめんね。隣りの家の電話だったもんで……」

いろいろ色気づいておお洒落も覚えた年ごろだけに……辛かった。（北條誠）［南北社編　一九六七：九八］

傍らの第三者としての他者を強烈に意識した態度は、思春期という年頃ゆえに増幅されているのかもしれない。しかしながら、知り合いが側にいるような状況での、普通の電話の会話においても思い当たる要素であろう。

それぞれの家へ電話が普及していくことは、こうした近隣の共同性をまきこんでの電話空間の使いこなしを、忘れられた遠い日の昔話にしていく。それは、電話が家族の「私」的な所有物となっていくプロセスでもあった。

家族の「私物」「私有財」となる。そのことで、共同の使用をめぐってあらわれる、社会性をめぐるいささか面倒な対応や他者との調整が必要でなくなる。さらには、そうした技能の必要それ自体が忘れられていく。この「私」化は、電話の社会的な存在形態の変化だけでなく、家族という集団のありかたや住まいという空間の変化とも響き合っている。

しかしながら、電話の私宅での所有が、家庭を私的な空間とし、家族を個人の集合に変えたとまで単純にはいえない。

以下の二つの状況を、考慮に入れなければならないからである。

第一に、家族の場である「家庭」そのものが、電話による接続以前にすでに、私的なものへと変容しつつあった。むしろ公共の場へとつながる回路に乏しくなり、全体として「私」化が進む家庭に、電話という媒体が侵入していった。そして析出しつつあった個人としての「私」をつないでいくようになる、というのが適切だろう。

第二に、家族のものになった電話は、その実態においてじつは家庭という空間における、共同の呼び出し電話であった。取り次いでくれる人が家族の誰かであるという点では、かつての呼び出し電話とは大きく違っていたが、しかしながら個人への直接接続ではない。そこでは、家族は社会性のひとつの形態である共同性の、もっとも身近な担い手であった。

ケータイは、この第二の局面を徹底的に解体していくことになるのだが、このそれぞれについて、すこし踏みこんで解説しよう。

## 「お茶の間」の変容と家の私化

あまり詳しく述べていく余裕はないので概括してしまうが、電話が普及して大衆化していく二〇世紀の後半は、家という空間それ自体が急速に、家族だけの「私」生活の場へと閉じていく時代であった。すなわち、かつて家という装置がそれなりにもっていたさまざまなインターフェースを失い、「公」や「共」としての社会に向かって開かれた機能を衰弱させていく。しかも、その変容は階層的・地域的・職業的な偏差をふくみつつも、二〇世紀前半という早い時期から進みつつあったのである。

その一例を「お茶の間」ということばの意味づけの変化に見ることができる。

「お茶の間」ということばを聞くと、「家庭」の日常的な「団らん」を思い浮かべる人が多い。家族だけの水入らずの親密を楽しむ場所、そこにおそらく現代的な意味の中心がある。しかし、語の本来の意味をさかのぼって考えると、「お茶の間」と「一家団らん」とを躊躇なくまったく重ねあわせてしまう理解に疑問符がつく。

というのも、「茶」は、そもそも客に出す、もてなしの飲料であったからだ。「チャノマ」と呼ばれた部屋は、その名づけからして応接の空間であった。茶を出すような客を外から迎える。「玄関」とは別の普段使いの出入り口や「勝手口」のある屋敷であれば、常の日には閉じられている玄関を開き、「ザシキ（座敷）」において格式ばった正客を迎えたであろう。「チャノマ」に招き入れられたのはそれほどに儀礼的な厚遇を必要とする客ではなく、近在の日常的な他者であったとは思うが、外部からの訪問者であることに違いはない。

家が、家族だけに限られた私生活の空間になる。それは外からの訪問が稀になることを意味した。それにつれて、外部との日常的なインターフェースの機能を担うはずであった場の性格も意味の違いも、見えにくく不明瞭になっていく。

茶の間のイメージから外部の訪問者の要素がきれいに抜け落ち、家族だけの親密な団らんを表象するようになっていったのも、そうした変化のひとつである。「お茶の間」ということばの意味の変容は、じつは家全体の「私」空間化と、家庭の外にまで拡がる交流の回路の変化を象徴している。

## 事務所と事務所のネットワーク

家全体の「私」空間化にも、職業や階層による差異はあっただろう。

アメリカの電話普及を分析したフィッシャーは、電話という新しいメディアが、まず誰によって受け入れられたかを論じている。それによれば、いわば「見せびらかしの消費（conspicuous consumption）」をなし得るような富裕階層と、医師や薬局や弁護士や投資家などビジネス上の必要を動機としうる職業において、まず積極的に導入された［Fischer 1992＝二〇〇〇：一一五－一九九］。

日本でも、普及導入の基本的な経路は同様であった。一九六〇年代になっても、電話は職場と職場あるいは事務所（オフィス）と工場といった仕事場の間をつなぐものであって、職場と家庭、あるいは家庭と家庭との間をむすぶネットワークではなかった。その導入から長いあいだ、家庭における電話は電報がそうであったと同じく、「通常」「普通」からは区別される「緊急」の事態において必要とされるものでしかなかった。

子どもの頃、私は電話がきらいだった。日中、事務所でかけたり、かかって来たりしているのは商売の電話で、興味も関心もなかったけれど、夜、父か母がかけるのは、子どもたちが熱でも出したようなときにかぎられていたからである。間もなく、医者をのせた車が家の前でとまる音がして、カバンをさげた医者と看護婦とがやって来る。電話というものは、火急の場合のために必要なものなのだと子どもの私は思っていた。だから、夜なかに、ふと目につく電話のベルが不気味に見えたりしたのだろう。（原田康子）［南北社編　一九六七：八六―八七］

一九二八年生まれのこの作家の実家の職業はわからないが、事務所に商売用の電話のある家だったことは確かである。

店舗のスペースと一続きになっている自営業の家屋とは違い、サラリーマンの住宅では、あまり外の人間と触れあう領域は大きくはなかった。新年の挨拶や法事などの特別な場合以外には、外部からのこれといった来客も少ない。先に呼び出し電話のエピソードを引用した北條誠の父親は、日本通運という大手運送会社の勤め人であったが、当時は「部長になると会社から電話をひいてくれる」ことになっていたという。しかしやっと部長に昇進した頃にはもう会社の規則が変わっていて、「重役でなければ電話は引いてくれない」ことになってしまっていた［南北社編　一九六七：九七―九八］、という。

つまり一九四〇年代においては、大企業のサラリーマンでも、家庭生活では電話が必要ではなかった。逆にいえば、職場（オフィス）と住居の分離が制度化されている「職員層」すなわちサラリーマンにおいてはいちはやく、家という空間の住居専用化あるいは家庭化が進んでいく。電話が大衆的普及の時代を迎えるより前に、職員層、サラリーマンの家は、社会という外部の「公」の職務から切り離され、外界との接続の機会が少ない、「私」の生活の空間になりつつあったともいえる。

**家のなかの外部**

電話は外からの訪問者であり、来訪者がやってきて開く扉であった。住居専用の家しなった家庭において、また親とは異なる社会性を持つ子どもたちの世代において、その意味は鋭く顕在化する。

一九六〇年代後半から住宅用電話の加入数が激増し、それぞれの「私」の住居に引き入れられて、家族のものとなった。家に引き入れられた電話も、やはり外に向けて開かれた出入り口であり、外部性を刻印された存在であった。そして家族にとって、とりわけ思春期の子どもの世代には、どこかで「呼び出し電話」と似たような他者を巻き込む関係性・社会性を有するものであった。それゆえ、どう使いこなしていくかの戦略を必要としていた。

次のようなアンケートの回答は、一九九〇年代のはじめに大学生であった世代の感想であるが、先に引用した一九四〇年代の北條青年が「さも野暮用の電話のように、わざとぶっきら棒な受け答え」を装った心情と、ほとんど同じである。

確か中学生の頃だったと思う。一人前にガールフレンドのできた自分は、家族みんなが集まる部屋にあった電話を利用するのが億劫であった。そんな時は必ず公衆電話か、家族の者が出払っている時に使うようにしていた。そんな時、やはり事情のありそうな若者が長々と話していたりして、公衆電話を使うのには忍耐が必要であった。もちろんこの逆もあり、そんな時は待つ人を無視する図太さも必要であった。（大学三年、男）［吉見・若林・水越 一九九二：八九－九〇］

この「待つ人を無視する図太さ」は、公衆電話ならではの身ぶりだろう。便益の公共性をめぐる社会との交渉であり、見知らぬ人を前にしての良識との綱引きが意識される。一九六〇年代の女性向け礼儀作法の書物は、公衆電話を使う時は、用件だけをてきぱきと三分以内で片付けるようにしたいと述べたあと、次のような教訓を添えている。

電話がすんだら順番を待っている人に「お待たせしてすみません。」と一言挨拶したいもの。そう挨拶されたら「いいえ、どういたしまして」と挨拶を返したいものです。長々と待たせておきながら一言の挨拶もしなかったり、挨拶されてもつんとして白眼でにらみ返すなど、どう考えても文化国家の一員とは言えません。［大妻コタカ監修 一九六〇：四三〇］

これが基本的には家族しか傍らにはいない家庭の電話となると、「待つ人を無視する図太さ」

は親たちの感覚や親世代の常識との交渉となり、家族の共同性を波立たせる困難と向かいあわなければならなかった。

ちょっと電話が長くなったり、遅くなったりすると、〔私の親は〕電話をしている横から大きな声でなんだかんだ言うので怒ったが、自分も迷惑をかけていることはわかっているので、『また明日ね』と言って電話を切り、口論とまではいかなかった。（六八年生まれ、女）〔吉見・若林・水越　一九九二：六九－七〇〕

家の固定電話が、その本質において「呼び出し電話」であったことを、次のアンケートの回答はあざやかに映し出している。とりわけ、電話を通じてもたらされた「話題」すなわち「できごと」を、家族全員がゆるやかに共有しているというあたりが、かつての電話がつくりだしていた、話し手と受け手だけでない他者をふくむ空間の問題として面白い。

〔わが家の電話は〕かつては居間のテレビの横に置かれていた。こともあろうにテレビの横にだ。ひとたび電話がかかってきたら、それまでテレビに向けられていた家人の目が電話の受け取り手に注がれるのは言うまでもなく、時にはその話題まで共有しようというのだから、これはたまらなかった。……電話によって伝えられた内容は、大抵の場合、大まかであれ家族全員が知る所となった。その為か、今でも電話をかける前ないしはかけた後に『○○から××だって』といった様な報告を無意識のうちにもしている事が多い。その後、電話は居間と台所の間の通り部屋に移されたが、それについては姉の働きかけに依るところが大きいと思う。（大学三年、女）〔吉見・若林・水越 一九九二：六九〕

受け手が、傍らにいる他者の存在を気にするだけではない。

電話をかける側から見ても、他者性は無視できない要素であった。電話をかけるとき、直接の相手ではなく傍らに存在する他者が電話を取る可能性がある。その可能性は、「呼び出し電話」と同じように、社会性に対応しうる声の技法としてのことばを要求した。それは、きちんとした自分の「名乗り」であり、相手への「あいさつ」であり、応対の「礼儀正しさ」であった。

たとえば男性が、年頃の女性の友人の実家に電話をかける。

恋人以後か友人以前かは問わず、親や家族が同居している家に電話をかけるのは、それなりの覚悟が要る。受話器を最初に誰が取るのか、それはわからない。多くの場合は母親か父親である。

その関門を通り抜け、不審がられることもとがめられることもなく無事に、願わくば気持ちよく取り次がれる。そのためには、その場にふさわしい挨拶や適切な敬語など、失礼にならな

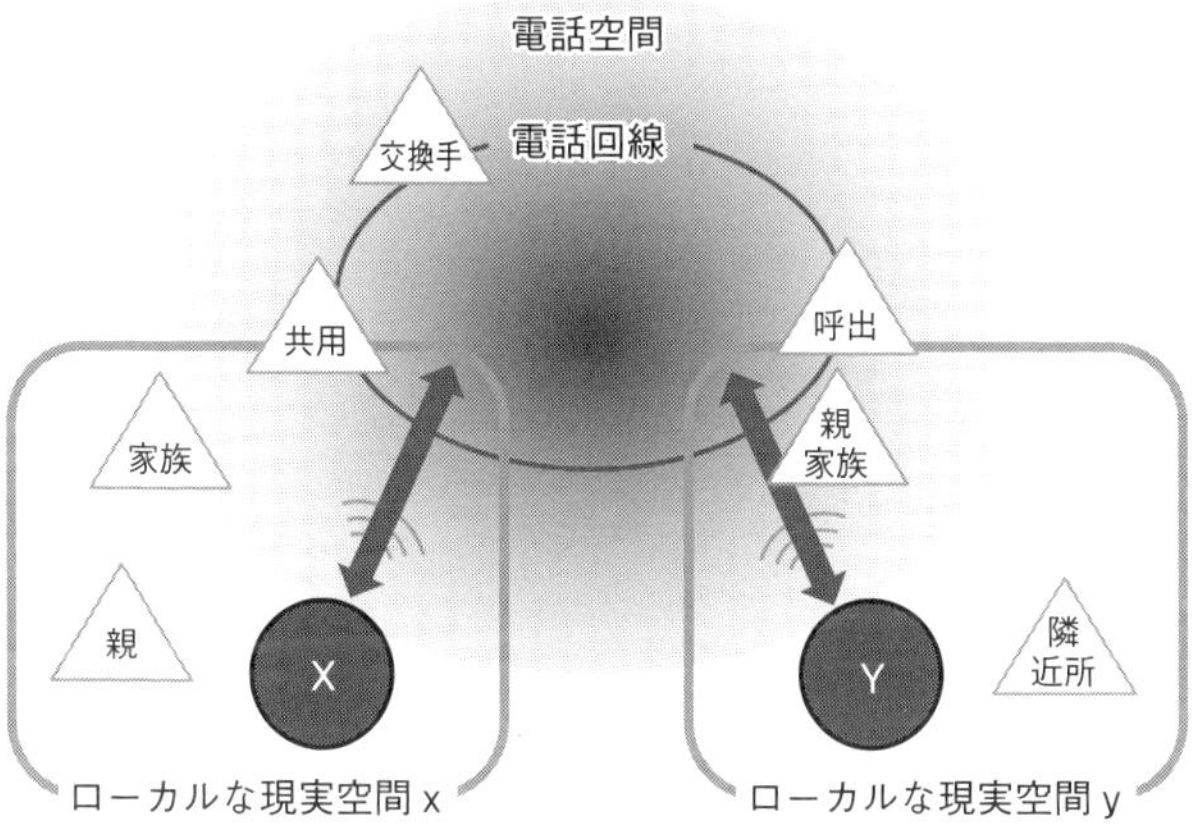


**10-1　固定電話における多様な他者**

固定電話の歴史には、交換手に始まって呼び出し電話の共用など、多様な他者が存在している。いっけん私化したかのように思われる家庭電話も、じつは家族への取り次ぎや、聞こえてしまう応答などを通じて、他者を巻き込んでいた。

いことはもちろん、無用の疑いを招かないよう対処する、いくつもの世慣れた「決まり文句」が必要であった。

これこそが、じつは電話をかける、あるいは受けるという実践の最初のハードルであった。先に二歳児の電話での言語実践の未熟について述べたが（一二二頁）、「もしもし」に続く会話の始まりかたが重要であるのは、それゆえである。その口上こそ、じつは電話空間を成立させる最初の、そしてたぶん不可欠のプロトコルであったからだ。

## 交渉技術としての礼儀作法

そこでのコミュニケーションの本質は、適切な距離の保持と確認である。見知らぬ人とのあいだに共有できる空間をつくり出し、保つ技術だといってもよい。

その言語技術は、まさに社会的なもので、現実の対面空間で必要なものとまったく同じである。むしろ他者が見えない分だけ、ことばだけで独立してその役割を果たさなければならない。他者を適切な距離と敬意とにおいて扱いつつ、用件を伝えあるいは聞き出し、必要な対応へとつなげていく。

作家の北杜夫が回想しているところによると、北は「中学二年くらいまで」電話がかけられなかった。北の生家は、大きな医者の家ということもあって「電話の部屋」と呼ばれる三畳くらいの電話専用の小部屋が二階への上がり口にあったが、

たまたま人がいないとき電話が鳴っても、私はよう電話をはずすことができなかった。電話から聞こえてくる大人の声に対して、とてもまともな返答ができなかったからだ。（北杜夫）
［南北社編 一九六七：四〇］

という。「まともな返答」とは、「外」の世界を受け止め、そことかかわりあう社会的な交渉・応接技術の実践を意味する。

そもそも応対の礼儀作法を、教養の誇示やしきたりの遵守と考えることが適切でない。有職故実の格式の知識として、マニュアルのようにとらえるのも、固定的にすぎる。「敬語」を身

分制度の残存であり封建支配の無自覚な継続であると一方的に決めつけるとしたら、その理解は単純であり浅薄である。むしろ敬語による応接は、交渉の社会的技術であった。つまりは他者を丁重にもてなしながら、適切な距離をつくりだして無害な存在にとどめるポリティクスである。

回線上の電話空間もまた、基本的には「公共」空間である。熟知している家族や知人を中心とした「私」の親密空間とは異なる。未知なるものとして現われる他者を、一定の距離をもって遇しながら、そこにおいてふさわしい適切な位置関係へと調整していく。そうした折衝の技術として、敬語や丁寧な言い回しの技が求められたのである。すなわち、未知を前にしての交信と交渉の政治性こそが、ここで指摘されている「まともな返答」の本質である。

## 最初の「口上」の高いハードル

思い出してみてほしい。

あなたはいつ、「電話をかけられる」ようになったのだろうか。

私自身をふりかえってみると、たぶん小学生の頃だ。

どんな用件であったかはまったく忘れてしまったが、一人で電話をかけねばならない必要があったのだと思う。なんだかわずらわしく、ためらう気持ちがあったのは、用向きの中身とは無関係だった。話の口切りの挨拶が面倒だったからだ。電話口に出た相手にまずきちんとした

「口上」を述べられるかどうか、そこが心もとない。けっきょく「もしもし、○○さんのお宅でいらっしゃいますか。わたくしは○○君の□□小学校の同級生の佐藤と申しますけれども……」と紙に出だしの文句を書いて、それを見ながら電話に向かった。まるで、公の席でのスピーチであった。なぜそんなことを覚えているのかといえば、その紙を始末し忘れて、家の誰かにからかわれたからだ。自信をもってうまく話すことができない不安の裏側をのぞかれたようで、恥ずかしいと思ったのだろう。

電話の最初の「口上」のハードルは、存外に高かった。「もしもし」にはじまって、電話口の相手の確認、かけている自分の紹介、かけた理由と用件、そして対応へのお礼や終わりの挨拶など、そこで要求される話しかたには、いくつもの決まりがあり構成があった。バラバラのことばの羅列で用が足りないことは明らかであった。生意気を言う子どもたちの断片的でむきだしのままの自己主張は、親密な関係性のなかでは許される「もの言い」ではありえても、世間に広く通用するものではなかった。電話を使おうとすれば、なんらかの形式性を保った外向きのことばを準備せねばならず、しかも「文」として整った、それなりの長さの一貫した構成が求められた。

一次的な声で織りあげられているローカルな現実空間においても、家族の外に属する他者との会話には一定の緊張がともなう。

使用する単語の問題だけではない。文体の問題である。

なるほど外からやって来た大人に対して「おかあさんが」ではなく「母が」と言い、「こっち来て」ではなく「こちらにお越しください」とすんなり置き換えられることは、明らかな成長であった。通夜や葬式の弔問におもむいて「このたびはまことに突然のことで…」とお悔やみの口上を、深々とお辞儀しながら言えることが一人前の条件とされたのも、同じものさしである。弔問はめったには使わない挨拶であったが、多くの場合不意に必要となった。だから余談だが知恵のある年長者は、応急の策として「かしこまって頭を丁寧に下げて、ただクロタビ（黒足袋）シロタビ（白足袋）とモゴモゴ言っていれば、それらしく聞こえるから」と切り抜けかたを教えた。もちろん「このたびはまことにご愁傷さまで……」の冒頭だけを音で真似た、型通りの笑い話のひとつでもある。しかし不安を抱えて緊張して臨む者には、真正直にはそんなふうに使わないにせよ、単純明快な勇気づけでもあっただろう。

　電話での会話においてもまた、明らかに「外向き」で「公に向けた」、言語の「技（わざ）」が必要とされた。バーチャルな回線上であれ、ローカルな現実空間であれ、外向きのことばは、社会的な関係を保ち、発展させる技術であった。

## ケータイにおける直接接続

　しかしながら、ケータイを通じた個人への直接接続は、こうした距離を調整しつつ対応を探る智恵を、まるで無用のものであるかのように忘れさせていく。あたかも時代遅れの「不便な

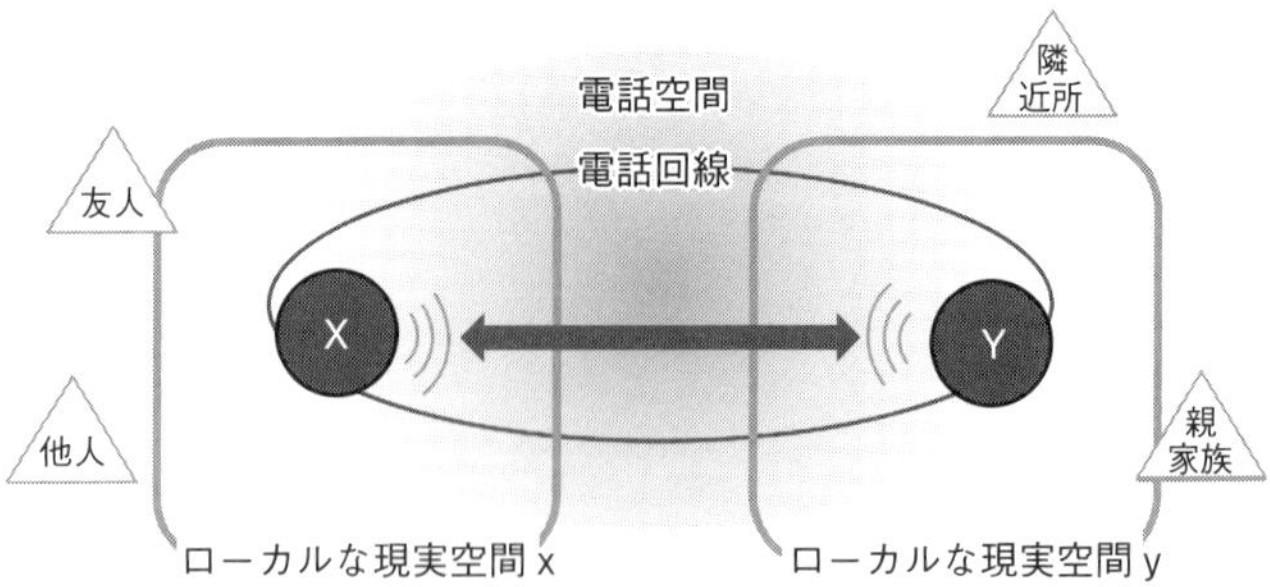


**10-2 ケータイ電話における個の直結と他者の退場**

個人への直接接続は、基本的に他者性を省き、通常装備の番号表示は、「選択」の余地を拡げていく。しかしながら、その一方でこのバーチャルな接続での会話は、未知の他者と向かい合うことばを衰弱させていく。

時代」のエピソードであるかのように聞こえはじめる。地域に広がっていた「呼び出し」電話の社会性はもちろん、家の電話がなお家族共同の電話としてもっていた他者性すら、昔語りに変えてしまった。外向きのことばの作法をはさまずに、相手の登録と表示の機能を当然のものとして、つながりたい相手とだけ選択的につながる。すなわち、他者性を省略した「直接接続」の余地を拡大していく。

『メディアとしての電話』の調査の対象となった女子学生は、電話空間が生みだした相手との距離感覚について、次のように述べている。個室での直接接続が与えてくれる漠然とした安心感を暗示していて、面白い。

彼女は、電話だと顔を見ずに話さなければならない、そのために身構えてしまうのが苦手で、「私は以前、電話が嫌いでした」と語りはじめる。ところが、「自分の部屋に電話をつけてもらってから」は、電話は彼女にとって「必需品」となり、「長電話」も多くなる。

電話をし終わった後、何の話をしたかなと考えてみてもたいした話はしていないのですが、それでも電話をしている最中はとても楽しいのです。それに電話だから、相手の顔が見えないから話せるという事もあります。……異性の友達とは圧倒的に電話の方がよく話せます。面と向かってはどこかで照れてしまうのです。電話だとこちらの顔や様子が見られない分、気楽に話が出来ます。……（電話だと）時間性も感じないし、距離という空間性も感じません。遠く離れていても、すぐにとなりで話してくれているような、そんな気になります。私は夜一人で部屋にいると淋しいと思う方なので、そんな時電話をしているとすぐ近くにいてくれているようでホッとします。（大学三年、女）［吉見・若林・水越　一九九二：一四四］

一九六〇年代の『でんわ文化論』でも、すでにここで指摘されているような「楽しさ」や「気楽さ」が表明されている。現実空間では気恥ずかしくて口にできないことが、電話でなら相手に言えるという、その感覚は共通している。だから、この安心の気楽さは、ケータイの時代に初めてあらわれてきた特質ではない。

ぼくのような臆病な男には、顔の見えない電話はかくれミノで、かえってのびのびと振る舞えるのかも知れない。面と向かっては、気恥ずかしく口にしにくいことも、電話だと気軽にいえる。(佐伯彰一)〔南北社編 一九六七:五三〕
それ〔電話で相談されること〕は恋愛のもつれなのだが、電話ではお互いの顔が見えないものだから、気兼ねなしにしゃべれるというふうになって、だんだん話があけすけになってゆくのだった。(佐多稲子)〔前掲書:五七〕

電話空間では、どこかで自分が変身できる。そうした特異な場所性をそなえている。意図的で意識的な変身だけではない。主体が否応なく変えられてしまうような性質でもある。であればこそ、同時代の電話経験からは、しゃべりやすい自由の一方で、むしろいいにくいことがさらに相手にいいにくくなるという感覚も主張されていた。

面と向かってはいいにくいことも、電話ならいえるからよい、という人がいる。これがまた私にはニガテの一つである。いいにくいことだからこそ、電話では困るのである。いいにくいことを電話でいって、やれやれこれですんだ、いってやったぞ、と思うのは、私には卑怯なようでいやだ。いいにくいことをいわれた相手が、どんな気持ちになったか、この目でその反応をたしかめることが出来ないから、ああでもないこうでもないと、想像力ばかりあとあとまでふくらんで、いつまでも心に引っかかることになる。(佐藤愛子)〔前掲書:六六－六七」

一九六〇年代の文筆家たちのこの言説においては、明らかにローカルな現実空間に対話の成功と失敗の判断の基準が置かれている。その現実空間での経験が、電話空間が与えてくれる気軽さの自由や開放感を感じる基準ともなり、またその卑怯さや危険性を測るものさしにされている。

**語り手の身体性の移動**

これが一九八〇年代の電話依存の言説となると、すこし語り手の身体の位置がずれてきているようにみえる。すなわち、一九六〇年代の文筆家たちの身体は、電話空間の外にあって、そのつかの間の自由や、物足りなさの限界を批評している。これに対して、一九八〇年代の身体は、まるで電話空間のなかに存在しているかのように語られ、そこから現実空間の困難や危険性をながめている。いや、つかの間であれ、その困難を忘れているのかもしれない。明らかに、語り手が存在している居場所がシフトしているように思える。

一九九〇年代の電話分析が指摘してきた、「用事のある電話」（用件電話）から「用事のない電話」（おしゃべり電話）へという変化も、「実用性」から「社交性」へと言われる変容も、あるいは同様の変化を指摘しているのかもしれない。すなわち電話空間のなかで「伝える」とか

「通じる」という機能的な部分が薄れて、「つながる」という存在論的な安心が、気分の前面に出てきたことである。

さまざまな社会性や他者性を背景に退かせた、この回線上の電話空間のいわば「直接接続」は、自分用部屋に引き込まれた固定電話に始まって、やがて個人の身体装備となったケータイにおいて、その純粋性を高めていくのである。

こうしたなかで進んでいる事態はなにか。

一言でいうならば、個室空間の折出と他者の退場である。それは未知なる存在と向かい合う経験の衰弱をともなう。「第三者としての他者の存在の希薄化」（二四七頁）とは、その空間から親密でない他者の存在の意味が減少し、大切なことでなくなり、薄らいでいくことを指す。

次章でもうすこし、電話の個室への移動と、電話が生みだしている個室空間との関係を考えながら、この他者の問題を深めていきたい。

## 11　移動する電話：あるいは電話の個人自由

家や職場の机の上にある電話を、あえて「固定電話」というようになったのは、さていつ頃からであろうか。この用語は、おそらく「移動体通信」という、こなれない日本語と同じくらいに新しい。

### 移動体通信と固定電話

「移動体通信（mobile communication）」は、たぶん通信行政の現場で工夫された新しい専門用語である。定義としての「移動体」は、交信の片方または両方の「端末機器」が通信線につながれていないことをゆるやかに意味し、使い手が使う場所を自由に移動できるような通信手段を指す。自動車電話のサービスが首都東京の区内で開始されたのが一九七九年一二月で、その五年後には全国主要都市をカバーし、通信自由化という電電公社の民営化などを経て、「キャリア（通信事業者）」各社がこうした事業に本腰を入れはじめるのが一九九〇年代だから、このことばの一般への普及はその頃だろう。ここで私が論じてきたケータイも、そうした移動体通信のひとつで、基地局のネットワークという社会資本（インフラストラクチャー）の整備を通じて、移動の自由を実現している。

あらためていうまでもなく「移動」を実感してはじめて、「固定」というわずらわしい形容詞が、すでに使い慣れていた電話に付け加えられた。電話機が有線で回線に固定されていることが当たり前であったときには、そうした形容それ自体がとりわけて必要なく、呼称としても意味がなかった。だからケータイのモバイル性において、固定された一定の場所との関わりが薄まったと論じられる事実を、ただただ「いつでもどこでも自由につながるようになった」という脳天気な理解で漠然と片付けてよいかどうかには、議論の余地がある。その「自由」の評価には、電話線の長さにしばられていることからの「解放」の価値として、後から構成され、回顧的に色揚げされた要素が混じっているからである。

固定電話は電話線に制約されていた。そのことは事実である。多くの場合、この無粋な電話線は家のなかの壁や柱にそって這わされて、ある一定の場所までしか動かなかった。では、ずっと固定されて動かなかったのかというと、そうでもない。多くの人びとは、日本の家庭の固定電話すなわち「家電《いえでん》」あるいは「宅電《たくでん》」が、玄関から居間へと移動し、さらには各人の個室へと分裂していった事実を記憶している。

この局面については、すでに『メディアとしての電話』での吉見俊哉・若林幹夫・水越伸の先駆的な指摘と考察があり、電話についての日本での多くの研究が、そこでの考察を引用している。私もこの現象をあらためて素材にしつつ、電話の移動の問題を考えてみたい。あらかじめ論述の行き先を示しておくけれど、光を当ててみたいのは、移動の便利ではなく、じつはそこに埋め込まれている「他者の存在感の変容」であり、その希薄化と断片化である。

## 玄関にあった電話から居間への移動

かつて電話が置かれていた「玄関」は、なるほど外部との境界であった。外からの訪問者を応対する場として意識され機能していた点に、吉見俊哉や若林幹夫は注目している。そして一九七〇年代後半から一九八〇年代にかけて起こった、家族共同体内部への電話の移動侵入は、電話経験の日常化に裏打ちされた浸透であると同時に、「電話の特定の場所の結びつきの解体、すなわち電話の遍在化」［吉見・若林・水越　一九九二：七二］であったと論じた。すなわち、ローカルな現実空間としての家庭空間のそれぞれの場所が持つ意味との対応が、希薄になっていく。電話が玄関を離れて家族空間の中心へと侵出し、やがて個室へと持ち込まれた。その背後には、遍在化という一面での「無意味化」があったことを指摘する。

電話が家庭に普及し始めてからしばらく、多くの家庭ではこのメディアを、玄関、それも下駄箱の上などに置いていた。このことはたんなる偶然ではない。電話は、家族のひとりひとりを外部の社会へ接続させていくメディアである。われわれは電話をしているとき、物理的には家の中にいても、意識としては家から出て、会話相手と回線上の場を共有してしまっている。つまり電話は、住居空間にとって玄関や勝手口と同様のもうひとつの〈境界〉なのである。〔中略〕ところが、この電話の位置が、電話利用の頻繁化・日常化とともに、次第に応接間や台所、そしてリビングルームへと移動し始める。つまり、共同体としての家族の空間のより中心部へと侵入していくのだ。そしてさらに、親子電話やコードレス電話の普及とともに、電話は両親の寝室や子ども部屋にも置かれ、家族の各々の成員を直接、外部社会に媒介するようになるのである。〔吉見・若林・水越 一九九二：六四－六五〕

外部社会との境界領域という意味づけの指摘は、その通り正しい。また各々の成員の個室に置かれるようになった電話が、個と外部とを直接に結びつけるようになった変化も重要であろう。ただし電話での会話を支える意識が、「家から出て」いく方向のものであったかの記述には、まだ検討の余地がある。電話をかける側と、受ける側とでは、異なる意識の方向性を持つだろう。なによりも「回線上の場」が、家から出た外部の空間として、本当に「共有」されているのかどうか。また共有されているとしても、どの範囲での共有現象なのか。その内実が問われなければならない。

指し示す方向の微妙なちがいだが、家の中に存在している身体にとって、「家から出る」というよりも「家に招き入れる」という受容の意識のほうが強かったのではないか。しかも電話を通じて迎え入れられた他者は、家族共有の空間であるはずの居間にゆっくりと落ち着くことができず、それぞれの居場所である個室へと、すぐに分解してしまった。であるからこそ、玄関から固定電話を引き寄せていった引力が、「共同体としての家族」の「中心部」に自動的に向かうものであったかのようなイメージにも、微妙な修正が必要だと私は思う。

なぜ電話は居間へと移動しながらも、しばしば家庭の団らんと結びつけられて語られる、その居間という空間に安住せず、すぐに個室へと分散してしまったのか。

私の解答は、かなり単純である。

第一に電話が招き入れたのが、「二次的な声」だけの見えない訪問者だったからである。それは、傍らの他者をふくめて、家にいる誰からも見えない。そして受話器を持つ一人以外の、誰にも話しかけようとしない。まさに共有されにくいバーチャルな訪問者であった。

そして第二に、6章で図解したように電話空間は、回線上の身体と現実の身体との亀裂・分断を抱えこんでいる。その構造化された亀裂こそが、逆説的ではあるが、玄関から家屋内部空間への電話の進出を支えた、といえる。

## 声だけの他者と声だけの応対

すなわち、居間への電話の移動と個室への分裂は、家のなかに住まう身体の変容を表象し、その個体化を予言している。一見単純な「利便」の問題だけのように思われている電話の移動は、じつは、都合よく抽象化され、存在意義を制限された他者の受容形態であった。すなわち、声によって構築されうる親密なリアリティの世界と、ローカルな対面関係が伴わざるをえない視覚的な相互性からの切断とを、まさに二つながらに受容した結果である。

どういうことか。

電話を通じて、声だけの訪問者がやってくる。その対応に、視覚はまったく関わらない。だからこそ、双方ともにどんな格好であろうと構わない。

相手のお宅への現実の訪問であれば、それにふさわしい正装が必要であった。「突然お邪魔して申し訳ありません」「近くまで参りましたついでにお寄りしたのですが」と言いつつも、実際に訪ねるのだから、普段着以上の公式の服装を選ぶだろう。女性の衣服に、礼装の「晴れ着」である「留め袖」や「振り袖」とは別に「訪問着」や「付け下げ」という略式礼装のカテゴリーがあったのも、その規範に対応している。訪ねられたほうは、もちろん「普段着」で構わない。しかしながら、突然の来訪だとしても、まさか布団のなかそのままの「寝間着」で応対するというわけにはいかない。ひととおりの服装であっても、不意の来客を前に「こんな格好で失礼します」という奥ゆかしい言い訳が「たしなみ」として望ましい。口うるさい礼儀作法の本には、たぶんそう書いてあるだろう。

ところが、電話空間においては、そうした配慮がまったく必要でない。応接の部屋を用意し掃除しなくてよいというだけではない。身につけるものがいかなる服装であっても、相手には見えない。だから気にする、差しつかえるということがない。自由という以上に、双方の勝手気ままが許容されている。しかも、何時いつに訪ねるという事前の申し入れも約束も、電話のなかの訪問には要らないし、不可能である。

電話回線上の訪問や応接は、その電話空間の内部でだけ成立し、その局面だけで完結する。だから視覚による「礼儀」や事前の「配慮」の相互審査から、電話空間は徹底して自由である。それぞれのローカルな現実は見えない。こちらで気にしないでいられるのとまったく同じ確かさをもって、向こうからもわからない。他者の目を気にしなくてもよいことがそのまま、自分が気にせずともよいことに反射し、投影される。だから、部屋着のままであっても着替えることなく、気ままな身なりを気がねすることもなく、切り離された声だけの時空で来客と親しく、あるいはフォーマルな丁寧さにおいて対話できる。

声でのふるまいが、身なり身ぶりとの整合性から離れていくことになった。

## 視線の切断と距離の創出

バーチャルであるという技術の特質は、ここで何を生みだしているのだろうか。

「距離の消滅」ではない。ある種のバーチャル・メディア論は、距離の制約がなくなり、現実の空間の制約を超越しえた側面だけを強調した。しかし、実際に生みだされていることは、むしろ逆である。ある特殊で不思議な「距離の創出」が、ここにある。声における「近接」がある一方で、身体が近づいて、空間が共有されることは決してない。むしろバーチャルな「隔離」による安心や安直さが、ここでは訪問者にも応対者にも共有されている。

つまり、電話空間における接続は、ローカルな現実空間における「共存」にともなう相互性と拘束性からの、ある種の切断を保証した。バーチャルであることによって、二次的な再構成であることによって、視覚の相互性が切断されている。そうしたコミュニケーションの制限された「部分性」こそが、この電話という機器の家庭内部への浸透を抵抗なく受け入れさせた、重要な仕掛けである。見えない他者であるだけでなく、視覚をもたず身体をもたない他者であればこそ、受け入れられた。すなわち玄関よりも奥に深く招き入れられ、声だけで成立する親密で私的な空間に、何の抵抗もなく侵入することができたのである。

電話の移動は、地域社会から切りはなされ、私的な空間として閉ざされつつあった家庭の、まさに「私」に退いていく力と共振していた。さらに、それはやがて、それぞれの身体の個室のようなところへと分裂していく。

その分だけ、じつは来訪する他者の側の社会性もまた、求められなくなっていった。

### 電話の個室／ヘッドフォンの個室／読書の個室

そのように考える時、ケータイの隆盛の前に「ウォークマン」のブームと普及定着とがあったことは偶然でない。

一時期はソニーの代名詞ともなった「ウォークマン」が発売されたのは、約三〇年前の一九七九年である。イヤホン（ヘッドホンをふくむ）とともに携帯されたウォークマンは、音で満たされた個室を一九八〇年代の街頭の雑踏のなかへと延長した、最初の発明であった。

ウォークマンについては、細川周平［一九八七］やイギリスの文化研究者たち［du Gay 1997＝二〇〇〇］などの分析があるので、あまり深入りはしない。しかし、細川の鋭い先駆的な分析の一節を引用しておこう。

> ウォークマンは既存のサウンドスケープと距離を保つ。しかしそれはその外部にあるのではない。それは都市においてその網目を穿ち、亀裂を掬う一介のゲリラとなると同時に、都市的なるものにおいて歩行を劇的にする。劇的な歩行、劇的な街路、劇的な地下鉄……。
>
> 歩く人はヘッドホンに囲われた「想像の」劇場の支配人であり、看板役者であり、観客となる。彼は都市空間を劇場と化す。そのときなのだ、演劇＝劇場が世界を変えるのではなく、世界が演劇＝劇場を変えるのは。［細川周平　一九八一：一四二－一四三、傍点原文］

**11-1　初期のウォークマン**
1979年発売ですぐに街頭の風俗となったウォークマンは、その個室空間の遍在化において、ケータイの登場を予言する伝道者でもあった。

**11-2　1987年放送の広告**
（周防猿まわしの会　チョロ松）

ふりかえってみれば、この機器は固定電話の旧世紀のうちに、音楽聴取という隣接領域にあらわれた「ケータイ」の予言者であった。ローカルな身体をつつむ現実空間の「個室化」の伝道者であると同時に、一九世紀の鉄道という大衆的な移動手段の中のコンパートメント（仕切られた客室）で生まれた「車内の読書」の末裔であった。

私は、歴史社会学者シベルブシュの卓越した分析を思い出す。

なぜ人びとは、鉄道でのどこか慌ただしい移動の最中に、あえて読書をするようになったのか。知識欲が突如高まったからではない。談笑の強制ともいうべき中流社会的な社交の規範から、合理的に「逃避」するためであり、不作法と受け取られかねない自らの「視線」を、開いた書物という格好の小道具によって遮断するためである。

シベルブシュは、その行動誕生のメカニズムを次のように説明している。

一七世紀に広く利用されるようになる馬車から一九世紀の乗合馬車までの時代は、まだ移動する距離も相対的に短く、またそれを利用する階級も限られていて、乗り合わせた利用者の文化にも均質性が高かった。それゆえ、たまたま同乗した隣人との「談笑」という社交の義務も、中産階級的な知識教養の共通性や儀礼的性格のなかで、なんとか果たすことができた。ところが、人間の大量輸送を可能にした鉄道空間において、列車に設けられた客室数は増大し、列車に乗り合わせる利用者の異質性も高くならざるをえない。乗客の他者性は高まり、コンパートメントの偶然の同乗者にどのように話しかけて共通の話題を発見し、社交の実をあげるかが困難な課題となっていく。

シベルブシュは、社会学者ジンメルの次のような観察を引用している。

乗合馬車、鉄道、市電は、十九世紀につくりだされるが、それ以前には人たちは、互いに話しあうことなしに、数分間ないしは数時間、互いに鼻つき合わせて見つめ合うことができる、あるいは見つめ合わねばならぬような状況にはなかった。[Schivelbusch 1977＝一九八二：九七]

とはいうものの、黙りこくっているのは失礼である。しかも目は否応なく開いているので、相手を見ないわけにもいかない。じろじろと何もいわずに見つめるのは、さらに不作法であるのは明白で、ひょっとしたら逆に自分に災難が降りかかってくるような、危険なことにもなりかねない。

コンパートメントという閉ざされた空間での「読書」は、この不作法になりかねない自分の視線を、自らの行為によって遮断する。開いたページに視線を留まらせることで、相手を見つめないでいられる。さらには相手からの交流の話しかけをゆるやかに遠ざけるという、儀礼的な「逃避」の機能において、まことに好都合であった。新聞だけでなく、鉄道旅行用に駅で売られた軽い装丁の携帯可能な書籍も、この社交の規範が要請するコミュニケーションからの逃避に利用できる、効果的な小道具となった。黙読は、見えない個室空間を列車内につくり上げ、関係を切断する効果的な戦略だったのである。

おそらく、メディア史の研究者であれば、ウォークマンが一面では「音読」へと変換し、より正確には「黙読」から「黙聴」へと移行させて受け継いだ「車内の読書」の孤独が、今流行りつつあるスマートフォンやｉＰａｄなどのメディアによって、再び新たなる「黙読」として再生しつつあると論ずるかもしれない。しかし、それはさらに詳細な観察や分析の積み重ねを必要とする別の物語であり、いつか別のところで詳しく論ずることにしよう。

ここでは、「車内の読書」がもっていた関係（社交）切断の力にだけ注目してほしい。

それは利用者の工夫として生みだされたものである。そのことを歴史的に確認しつつ、ウォークマンが街へと持ちだした空間が、その個室性の系譜に連なっていることを踏まえておけばよい。なるほど電話が基本的に形づくり、ケータイが街頭へと持ちだした声の個室空間は、同時接続という通信の機能を内蔵している。その点で、読書経験やウォークマン聴取の感覚にそのまま重ねあわせられない側面も有してはいる。しかしながら、第三者の位置にあらわれる他者の存在感の希薄化や断片化という点では、思いのほか呼応する要素が多いのである。

それが次章の論点である。

# 12 面で触れあう／線でつながる：他者関係の変容

さて、ここまで論じてきた電話の「私」化は、ケータイの「直接接続」にともなう「私」的関係の拡大と重ね合わせられる現象だろう。

たしかに個と個とを結ぶ「直接接続」は、送り手と受け手の二者関係に閉じられている。その点は、電話交換手の媒介や固定電話の取り次ぎに象徴される「社会性を挟み込んだ接続」との異質性が際立つ。しかしながら二者の「直接接続」という構造それ自体は、基本的に電話が、その当初から用意していたものである。そこでは二者関係への内閉が可能である。そうした直接的な接続の時間を、電話の普及は使用者の日常に、経験として埋め込んでいった。しかしなお、その時間は切れ切れで短く、生活のなかで占める量としても限られたものであった。新時代のケータイの普及は、固定電話にはなかった移動の自由において、その「直接」でありうる関係性を、ある意味で拡張し、結果として純粋化したに過ぎない。

その広範な社会的受容において、他者との関係はどう変化したのだろうか。

すでに論じてきているように、電話空間は、傍らに存在する他者を遠ざけ、声で直接に接続している相手との関係にも特有の「距離」を持ち込む。固定電話の各戸への普及が飽和に達してケータイの時代になると、二人称の位置にある他者との関係にも、これまでは便利の影に隠れて論じられなかった変化が感じられるようになった。

## 「逃げ場」と「肉体感覚」

独自の調査手法と個性的な視点で、一九八〇年代以降の世相を縦横に参照し、若者という特権を有する年代が占める社会的な位置の変容を論じた堀井憲一郎『若者殺しの時代』は、一九九七年以降急速に浸透していった携帯電話の利便に対し、ある種の裏切られたような感覚を抱いたという。

携帯電話は、人と人とをダイレクトに結びつけている。自分が話したい相手が、いきなり電話口に出てくれるのだ。それは、最初、無限の可能性を僕たちに与えてくれてるように見えた。でも、ちがった。みんなとつながってるということは、逃げ場がないということだった。

森の奥深くに僕たちは追い込まれ、気がつくと断崖に立っていたのだ。

便利になっただけで、いろんな面倒を抱えこまされた。

話がちがう。

昔の一般電話には、もう少し肉体感覚があった。［堀井憲一郎 二〇〇六：一五〇－一五一］

ここでは、二つの変化が同時に、意識され始めている。すなわち、「逃げ場」がなくなったことと、「肉体感覚」の喪失あるいは衰弱である。

おそらく、堀井のいう「面倒」な閉塞感は、ケータイの「直接接続」の特質だけに由来するものでない。むしろ電話空間での他者の存在形態の、ゆるやかな変質とも関連している。世界的な通信機器メーカーのノキア（Nokia）の国フィンランドのモバイル文化を分析したティモ・コポマーは、いつでもどこでも接続できるケータイの社会的受容の半面で、そこへの耽溺が「利用者の日常生活の範囲を結局は狭めてしまう」［Kopomaa 2000＝二〇〇四：二六］問題、すなわち既知の関係への依存の傾向が強められることにも注意を促している。「逃げ場」の消滅という意識が前面に浮かびあがってくるプロセスは、この既知の他者との既存の関係への内閉という変化を下敷きにしている。

つまりケータイが純粋化した「直接接続」は、他者の現われかたや、他者との関係の持ちかたの変容と共鳴していたのである。

### 回線の直接接続と「性」および「愛」の領域

技術の革新は、その技術を発明し普及させた人びとの意図を裏切るばかりでなく、しばしばそれまでの使い手の予想をも越えた、新しい文化と習俗の領域を生み落とす。

キャロリン・マーヴィンが『古いメディアが新しかった時』という労作で、新聞雑誌等から丹念に採取しているように、電信による結婚詐欺や、電話を利用した別人へのなりすまし［Marvin 1988＝二〇〇三：一八五－一九五］は、すでに一九世紀のうちに生みだされている。この一〇年のあいだ「社会問題」として話題になっている「オレオレ詐欺」「振り込め詐欺」も、一九世紀にあらわれた逸脱使用と無関係ではない。取り巻く状況や道具立ての進歩において異なるものの、二次的な声にともなう信頼に依存している点では、電話というメディアが新たに生みだした領域での犯罪である。

ときに行動や想像力の形態が「愛」や「性行為」の領域と重なり合う、身体性を帯びた直接接続の二者関係もまた、電話というメディアの普及や発達とともに、電話利用の経験のなかに生み落とされた新たな領域であった。

いわゆる「伝言ダイヤル」などは、そうした意外な展開の一例である。限られた「私書箱」としての機能を果たすよう企画されたサービスが、不特定多数の他者に向けて開かれた、いわば「社会に公開された留守番電話」として、想定外の新たな利用法の拡がりを有するにいたった。一九八〇年代には、男性が店舗の個室にこもって女性から電話が掛かってくるのを待っ

「テレフォンクラブ（テレクラ）」や、NTTの「ダイヤル$Q_2$」の仕組みを使って自宅からでも手軽に利用できる「ツーショット」などの「風俗営業」が話題になった。こうした風俗用語の賞味期限は、結果的にはたいへんに短い。いずれもすでに、当時の雑誌や新聞等の記録をたどって実態を調べ回らなければわからない、過去の「歴史」の知識となってしまった。しかしながら、そこで形作られたメディアの使われかたは、やがて二〇〇〇年代に「出会い系」という語のもとで統括されるようなメディア利用の領域へと流れ込んでいく。

## 〈対〉の直接接続と声のリアリティ

「愛」ということばで指し示される、ひどく見通しにくい人間関係の領域をも視野に入れて考察を進める必要があろう。愛は、第一次的な現実空間においても、身体性と精神性とがからみ合う複雑なプロセスをたどる。そして第二次的な電話空間の介在は、その他者との関係の振れ幅を、たぶん不均等に拡張する。愛は、どこか離れがたさをふくんだ結びつきのように思われ、ときに受難をも厭わない強さを見せる。しかしながら必ずしも双方向に均等ではなく、両者に互恵的であるともいえない。その意味で「愛」は、それぞれの行為者の想像力において立ち上げられている、個体的な思い込みでもある。

それが、どのような関係として重ねあわせられ、どのような形でゆがんでいくのか。まさに「直接接続」の場において「観察」され、「対象化」されなければならない主題であろう。

若林幹夫は、電話が可能にしているバーチャルな対話の感覚と、「離れ離れでしかありえない二つの身体の、完全な融合を目指す」性愛の二者関係とは隣接しているとして、次のように論じている。

電話というメディアが、性的なイタズラ電話、コール・ガール、テレフォン・セックス、ホテトル、テレクラなどのように、性愛的な関係をとりもつメディアとしてしばしば用いられるのは、その簡便性によるだけでなく、性愛的な関係ときわめて近い質をもった関係を作り出す装置として、電話というメディアが機能しているからなのだ。電話は、そこに肉体的な身体を欠いているがゆえに、肉体的な身体によっては容易になしとげられない直接的な関係の感覚を、時にそこで話す者に与えるのである。〔吉見・若林・水越　一九九二：一三二〕

たしかに「性愛的な関係をとりもつ」機能は、電話メディアの特性に支えられていた。しかしながら、その関係創出の機能の源泉は、「肉体的な身体」の欠如ゆえに逆説的に生みだされた「直接的な関係の感覚」というよりは、おそらく声の介在によって存立した皮膚感覚的な接触のリアリティである。この書物で論じてきた文脈に置き直すならば「もうひとつの皮膚」として作用する声の力というべきだろう。ことばとしての声の、身体性をともなう想像力といってもいい。

「パーティーライン」や「ツーショット」についてフィールドワークをおこなった富田英典は、次のようにその「声のリアリティ」を実感している。

料金なんて全く気にならなくなるほど面白い。なんと言っても、電子メールのような文字でなく「声を出して話す」ところがスリリングなんです。文字や映像なんかと比べものにならないほど生々しい。だから、みんな一ヶ月百万円以上の請求が来て、夜逃げしたり、電話を止められたり、借金を抱えちゃっても、電話をかけずにはいられなかったんだと思うし、その気持ちは十分すぎるほどよく分かる。この体験から、電話が「匿名」でかつ「生々しい」、しかも自分の部屋から日本中に向けてアクセスできるメディアなんだ、「声のリアリティ」って凄いと身体で理解できたんです。〔富田英典ほか 一九九七：二二五〕

予期していなかった呼応のようにも感じるが、違法な騙りである「オレオレ詐欺」が成立してしまう秘密も、たぶん同じところにある。多くの人びとが、匿名性に隠れたまま事態が進んでいく、その「怪しさ」や「バカらしさ」を論理的には理解しながら、いざ自分がという時になると信じられないほど容易に、その状況に巻き込まれてしまうのはなぜか。その理由のひとつに、この身体的で生々しい声のリアリティがあるだろう。

声の触覚的な感度は高く、ときにあらわでむき出しの身体性に近づく。

そして考察すべきは、その「ことば」の見えない透明な皮膚が構築する、「回線の向こう側」にいる他者との関係である。

**「そんな時は私に電話して」**

脚本家の北川悦吏子の文章が浮かびあがらせている「シーン（情景・場面）」は、いくつかの点で示唆的である。それは「詩」とも「お話」とも分類しにくく、現実の断片か架空の物語なのかも見分けにくい。しかしながらそこには、たぶんケータイによって実現されているであろう「直接接続」の関係の特質が、じつに現代的な触感で映し出されている。彼女が、一九九〇年代から二〇〇〇年代にかけて話題になった、数々の恋愛ドラマを手がけた人物であることも無関係ではないように思う。二つばかりの場面を取り上げてみよう。

まずひとつ目の情景は、会社勤めの女性のある一日の話。

この頃つくづくついていないなと、すこし心に暗い雲がかかっている。会社ではコピーが曲がっていると課長に怒られ、同僚の女子たちからはなぜかお昼を一緒にと声をかけてもらえなかった。男の子に「お試し」で打った何気ないメールにも返事がない。

ケイコに電話しよ。ケイコは、親友で、いつも私の話を聞いてくれる。十中八九、私は彼女と話しているうちに、元気になるんだ。そして、私もたまにケイコの話を聞く。

夜、お風呂から上がって電話した。一時間半くらいしゃべりつづけて、いつの間にか、芸能人の話になって笑っていた。一時間半コース。と私が言う。何それ？　心が治って来たよ。今日は一時間半コース、と私。エステかよっ、とケイコが笑って言う。心のアロマキャンドル、と私は心の中で言った。［北川悦吏子　二〇〇九・一二］

たわいもない風景であり、ごくごくありふれた現代語調でのおしゃべりのようにしか見えない。けれども受話器をにぎる女性は、なぜか「心が治って来た」とつぶやく。

もうひとつの情景は、おそらく高校生であろう男子の「ボク」の話。

「ボク」にとって「世界はまるで、刃物で出来てるみたいで、生きてるだけであっちこっちが刺し傷だらけになる」かのように感じられている。心はもう傷だらけだ、と叫びたい。しかし自分がそう訴えたとしても、大人たちは、今の子は弱くてワガママだ、何様だと思っているのか、おまえの態度が悪いからさと言うだけだろう。これからのことをいろいろとシミュレーションしても、何一ついいことはなさそうで、「宇宙に向かって叫びたい」くらい「絶望」している。

「ねえ、そんな時は私に電話して」「そんな時は、私にメールして」電話姫《デンワヒメ》は言う。

私はあなたを守ることも支えることもできない。慰めることさえ、できない。でも、お話をつくるわ。笑えるお話、怖いお話、悲しいけど透き通るように綺麗なお話。それを聞いてる間、あなたは嫌なこと全部、忘れられるよ。〔前掲書：二五〕

この二つの情景で共有されている「救い」は、電話を満たす「話」の時間である。その時間の実感それ自体が、まるで「アロマキャンドル」の香料のように、自分の居場所を満たしている。「エステかよっ」と間髪容れずに笑わせて、その「甘え」に応じてくれる声が「ツッコミ」として帰ってくる。そういう関係だからこそ、共鳴が時間を包み込んで「心が治って来た」と思える。一方の「電話姫」は、どうか。限りなく無力である。守らず、支えず、慰めることもできない。叫びだしたい時には電話してといいながら、すでにして自分は何もできないとも宣言している。けれども、「お話」であなたの時間を満たしてあげられる。だから、その間だけ、あなたは傷の痛みを「全部、忘れられるよ」、と誘う。それゆえに、「ボク」は「心が痛む夜」に暗い町の橋の上から「電話姫」とつながりたいと願う。

いずれの場合も電話から聞こえているのは、声だけである。接続は、その声の持続を保証し、声は「生々しく」リアルに感じられる時間を現出させる。お互いの声がふれあい、声が身体を包み、痛む心の傷を癒す。

ここにはなぜか、届けられる「用件」がない。その意味では、電話研究者が一九九〇年代に分析した電話空間の現代的な特質そのままである。長時間に及ぶ「私の話」や作られた「お話」の内容がどんなものかは語られない。本人も、話し相手も、たぶんこの物語に共感する読者にも、内容がとりわけて重要だとは感じられていない。そして相手が回線の向こうに現実にいるのかどうかという存在感すら、たいして重大な関心事ではないように見える。

むしろ接続の確信だけが意味があるかのように、この情景の全体は組み立てられている。一対一の接続によって、他から邪魔をされずに保証される時間、その間だけ身体にもたらされる声の振動、それだけが永遠に大切であるかのように物語は語られる。ひょっとしたら「情報」として内容を抽出することができないかもしれない。そうであってもかまわない「共鳴」が回線を満たし、その実感だけが安心を支えているようにみえる。

## 表情を読まれないという距離

精神科医の大平健が一九八〇年代の臨床経験をもとに紹介している「今風の〝患者〟」の発言も、脚本家が描いた二つのシーンに登場した主人公たちの気分を、ある意味では別の角度から解説してくれている。

この一六歳の女子高校生の患者は、深刻に精神を病んでいる患者とはすこし異なる。「病気でもないのに、ちょっとした生活上の悩みで気軽に精神科を訪れる人達」の一人である。他人の「うわさ話」や「ウラ話」は、顔を合わせて話すのはきまりが悪いが、電話なら「大胆」になれるし、「エッチな話」も平気でできるところがある、と感じている。その感覚を次のように説明する。

顔つき合わせて話してると、やっぱり相手の反応気になるし、それより相手の話にのってるかどうかって見られているわけだから……その、つまり……むずかしいとこあるわけですよ。その点、電話だと、こいつ馬鹿言っていると思っても、声だけ、エーッとかウッソーとか言ってると調子合わせられんのよネ。〔中略〕会って話すのは、そりゃそれで楽しいんだけどォ電話なら別の話し方できるからァどっちも必要なのデス。電話の時は、絶対表情読まれることないから、マア、お互い言葉だけ気をつけてれば、傷つけることも傷つけられることもない。先生！　電話で話すのって、それなりにコツがあるんですよ。電話の下手な子っているのネ。そういう子とは絶対電話で話さない。こっちが落ちこんでいる時とか、山先だけでも上手になぐさめてくれないと電話代もったいない。〔大平健　一九九〇：一五八〕

この告白は、「二次的」な電話の「声のリアリティ」の世界の住人から得られた証言とも考えられる。そこから外側の現実はどう見えているか、それを考える手がかりを与えてくれる。ローカルな現実空間においては、顔をつきあわせて話さざるをえない。その「一次的」な関係は、どこか窮屈で、困難で、もろくて、危ういものだと感じられている。相手の反応が見えてしまい、こちらの反応もまた見られてしまう。それが息苦しい。楽しくないとは言わないけれども、次もまた楽しくなれるかどうかはわからない。だから、怖いし傷つきたくもない。大平はこうした告白から、電話空間での交流が選択される、その背後にある気分を読み取っている。

それは、一種の逃避にも似ているが、逃走というほどに切迫したものでも、また不可避的に内面に向かうものでもなさそうである。しかしながら、自分たちを取り囲んでいる、どこか壊れやすくて弱々しい関係への微かな自覚だけは、動かしようもなく、そこにある。

ここに見られる、他者との微妙極まりない距離の取りかたを、なんと表現したらよいだろう。「調子」を合わせられるほどの距離は、見ようによっては、したたかな選択である。自分という個人の、いわば内側のほうへと「退き」、この後のつきあいかたの戦略を選び直している「力」のようなものにも見えるからである。

しかし、それを個人の「内面」といってしまうのは、過剰な意味づけだろう。自我が結晶化する「内面」は、もうすこし他者からの距離についても、その質が異なる。近代的自我の意識は、個のやむを得ざる析出が不可避に構成した孤独であり、自らを支える根拠地をつくりだすという機能において認められた、「内面」という名のサンクチュアリ（聖域）あるいはアジール（保護区）であったからだ。脱線だが、アジールとは何かについて学んでみたいひとは、一九七〇年代末からの社会史の著作をひもとくとよい。阿部謹也、網野善彦らの作品は中世を鏡にしてわれわれの近代を考えようとするとき、おすすめである。

しかしながら、ここで選ばれた微妙な距離は、サンクチュアリやアジールの社会性とは、かなり異質である。状況依存的で、どこかその場かぎりの、しかも、その現象形態は一対一の線分的な他者関係だけに絞りこまれている。

**微妙な距離を選択する自己**

二〇〇〇年代のケータイ利用をみつめる多くの社会心理学者もまた、評価の論調において積極・消極の色合いの違いはあれ、この複雑で微妙な他者との距離感を有するコミュニケーションについて、呼応する観察と分析を繰り広げている。

たとえば辻大介は、広く受容された若者論のなかで暗黙の「定説」とされている「対人関係の希薄化」という認識を、粗雑な「ミスリーディング」であると批判した。若者に対する偏った見かたが底に潜んでいるために、固有のリアリティを捉えそこなっているからである。むしろ「対人関係を取り結ぶ回線」のオンオフの「切り替え（フリッピング）」志向と、それに親和的なメディアに支えられた「部分的だが表層的でない対人関係」が、そこに生まれつつあることを見逃してはならない、という［辻大介 一九九九：二八二－二八七］。たしかに、関係の測りかたの枠組みを変えてみることで、見えてくるものも多いだろう。また岩田考も、同じく対人関係希薄化という過度の一般化を批判しつつ、後の論者たちの「キャラ」論（たとえば［土井隆義 二〇〇九］など）につながるような「複数の自己」の使い分けという事象を媒介に、「即時的な親密さ」という新しい関係性の誕生とその遍在化・普遍化を指摘している［岩田考 二〇〇一：二〇―三二］。同様の批判と見直しの必要を、松田美佐［二〇〇〇］は「関係希薄化論から選択的関係論へ」と図式化した。

質問紙調査だけでどこまで内面の実態に迫れるかは難しい課題だが、ケータイ利用者の実践の観察と分析とをさらに積み重ねるべきだろう。関係希薄化論の粗雑さを修正する問題提起を共有するには、「表層的でない」「複数の自己」「選択」などの表現で伝えようとしている、いくつかの魅力的なキー概念の位置と機能を、精密に調整することも不可欠になる。たとえば、いわゆる「番通選択」という現象は、番号通知機能と登録を前提に、誰からの電話かを知ったうえで出るか出ないかを選べる経験である。デジタル回線の普及と液晶表示機能を備えた固定電話の時代から用意されつつあった選択肢だが、その機能を通常装備したケータイにおいて社会的に確立した。しかし、それは受話の最初の一時点における相手との関係の、自発的で状況的な選択に過ぎない。象徴的な変化ではあるが、電話経験において論じられるべき関係の「選択」を、そこにすべて還元できるわけではない。松田自身が指摘する「人間関係の偶然性」排除による「タコツボ化」［川浦康至・松田美佐編 二〇〇一：一二］や、富田英典の「自閉する選択的人間関係」［岡田朋之・松田美佐編 二〇〇二：一二二―一二三］、さらには辻泉が指摘するような「選択がもたらす内閉のパラドックス」における「対人恐怖社会」の深まりのような問題［岩田・羽渕・菊池・苫米地編 二〇〇六：一一八］も視野に入れて、関係の「選択」と無限定に概念化するのが適切なのかどうか、考えていかざるをえない。

私は、既知の他者との関係においては「キャラ」の使いこなしや、常時接続にともなった交流の多様化が観察されるものの、その外側に拡がる未知の他者との関係においては「希薄化」と論じても的外れではないような衰弱が進行しているのではないか、と感じている。だとすれば、その二つの領域の分割のされかたと関係とが、さらに論じられなければならない。

**声だけの距離の選択と個室性**

もういちど、これまで述べてきた電話空間の特質、すなわち視覚の参与が禁じられていることに戻って、他者との関係を考えてみたい。自分の表情が相手を傷つけ、また相手の表情に傷つけられるのではないか、と気づかう。その恐れが、顔すなわち「面を接することなく話したい」――［大平健　一九九〇：一五八］という欲望を正当化し、二次的な声だけの電話コミュニケーションへの退却を選ばせている、という。であるならば、表情を「読まれる」ことが絶対にないことは、ひとつの解放であり、特異な防護膜に守られた自由である。そのような場所として、回線上の接続が意味づけられていることも見落とせない。

ついさっきまで会って話して帰ってきたのに、自宅で個室にこもった途端に、また電話でその仲良しとおしゃべりを始める。親たち大人たちは、同じおしゃべりなら、会っているときに続けて話せばよいと感じて、この二つの時間の違いを見分けない。しかし子どもたちは、どこかまったく違う時間のように感じ、それぞれが必要なのだと感じているだろう。そのとき、ひょっとしたら、子どもたちは表情によって傷つけられることがない、声だけの距離の安全を感じ取っているのかもしれない。そこでの熱中は、「自分」のコントロールできる電話空間のなかでの居場所の特質を浮かびあがらせていて面白い。

ケータイが職業生活上の必要からあふれ出して普遍化したのは、おそらく単なる通信の便利だけからではない。むしろ相互の不可視性において、安心できる距離と、ある意味での個室性を、どこにおいても可能にしたからである。

どこにおいても、とはいうものの、現実には限定されている。子どもたちの場合、もっとも心地よい居場所は一人だけの現実の個室であった。文科省は二〇〇八年一一月から一二月にかけて、学校を経由して小六、中二、高二の生徒を調べ、『子どもの携帯電話等の利用に関する調査』(平成二一年五月一五日発行)をまとめた。「あなたは、ふだん学校がある日は、携帯電話をどのようなときに使っていますか」という質問の「自分の部屋などで一人でいるとき」という場面設定に対して、いずれの年代でも「使う」という回答がもっとも多くなっている。「よく使う」と「時々使う」を合わせた回答が、中学生では八〇パーセントを超え、高校生では九〇パーセントに近づいていることを考えると、傍らに他者がいない個室化された状況での利用形態が、あたりまえのように浸透しているということがわかる。

ケータイの内なる個室と、現実の外なる個室とが、その身体を支えている。

| 自分の部屋などで一人でいるとき | よく使う＋時々使う | ほとんど使わない＋まったく使わない | 無回答 |
|---|---|---|---|
| 小学6年生 | 51.2 | 45.5 | 3.3 |
| 中学2年生 | 85.4 | 13.0 | 1.6 |
| 高校2年生 | 89.4 | 9.6 | 1.0 |

(%)

12-1 平日で携帯電話を使用するとき
（出典：『子どもの携帯電話等の利用に関する調査』文部科学省、2009）

## 固有名詞の名乗りと空間の受容

このように個室化しつつある環境をつなげたように現れるケータイの利用形態から、われわれは何を読み取るべきだろうか。

「表層的でない」自己の「複数性」という新しい理解枠組みによる行動様式の詳しい分析は、今後の課題である。眼前の現象の考察からは、ケータイが媒介する「親密さ」に、どこかもろさがただよっている現状も無視できない。これまで論じてきたように、この「直接接続」は、どこかで「ことば」の力を豊かにする修練とは結びつかずに、むしろその政治性ともいうべき力を、それほどには必要としない場となってしまっているように思う。その分だけ、他者の存在感が希薄なのではないか。

既知の個と個の直接接続の場合、何ごともなければ、親しさに満たされている分だけ、礼儀や作法やレトリックの政治を必要としない。しかし、その効率性のようにも見える利便の背後には、反応や応答のために許容されている時間や空間の、厚みのない「もろさ」が透けてみえる。何らかのきっかけから親密さの空気が消え、行き違いや誤解の感情や想像や邪推が膨らみはじめる。そうしたとき、政治性を失いかけていることばに、その修復や交渉の対応を頼むことはむずかしい。

ケータイが媒介する関係は、回線を通じた二者間の直接接続である。それは顔を合わせ、空間を共有しての直接性とは異なる。そして、そこでの「面接」忌避の傾向、あるいは表情をともなう顔の敬遠は、「面目」や「面子《メンツ》」や「面前」などの熟語の構成要素である「面」の喪失でもある。人格を表す「ペルソナ」が「顔」や「仮面」を意味する古典語であったことを思い出すのは、自然な連想であろう。その意味での顔や面の忌避は、やがて固有性をもつ名前の衰弱や消滅へとつながり、原初的な「名づけ」の力の忘却や、空間をつくりだす力の衰弱とも連接しているのではないか。

先に引用した精神科医の大平健の「電話と名前と精神科医」は、電話（テレビ電話を含む）による診療や治療・相談の可能性について、それは基本的には困難で成立しにくいと否定している。そこで論じられている「関係を結ぶためのパスワード」として自分の「名前」を名乗るという行為の大切さは、ことばの力の問題を考えるうえでも、たいへん示唆的であった。

大平は電話の使いかたを「名乗る」という関係から、次の三つに分類する。

①「双方が名乗りあう」（普通の電話での会話／ヒト対ヒト）

②「受信者のみが名乗る」（「ＮＴＴの番号案内です」などのテレホン・サービス）

③「双方が名乗らない」（「ただ今から九時一二分をお知らせします」など機械仕掛けの自動応答サービス）

そして①から③になるにつれ、「ヒト対ヒト」から「ヒト対モノ」へと関係性が変化すると
している。やや乱暴な類型化だが、面白いのは大平が自分自身の直面している、電話を介した
一種の精神医療相談での「名乗り」の問題と重ねて論じている点である。

**関係の追求と関係の拒絶**

それは大平が「精神科テレホン・サービス」と呼ぶ、「他所の患者や家族からの相談」「人生相談風の相談」である。一般のテレホン・サービスでは普通発信者の名前を聞かない。しかし、大平は精神科医として相談にのるからには、「一種の医者-患者関係に入らざるをえない」と感じて、発信者の名前を尋ねる。にもかかわらず、このいわゆる「精神科テレホン・サービス」を求める人びとは決して名乗ろうとしない、という。

匿名を守り、本名以外の場にとどまる。それは、「正規の医者-患者関係に入る心積もりがないこと」の表明に他ならない。

しかしながら精神科的な相談を、当の精神科医に持ちかけていることも事実なのであって、そうであるとすれば単なる「情報」入手が目的ではなく、ある種の「関係」を求めている。そうしたたぐいの関係の追求は、誤解を恐れずにいうならば、電話というメディアの社会的受容以前には、存在しなかった欲望である。

大平は、半ば職業的な義務感から、匿名や明らかな仮名のままであっても対応できる範囲で

対応するのだが、「自分の患者からの電話とは違って、気安く相談に応じられる」とも感じている。逆に、自分の患者からの電話相談は、かなり気が重くなるし、実際に面倒だという。その意味を、大平自身は次のように説明している。

面倒に思うのは、彼らの相談の内容が既に面接で持ち出されたことの単なる繰り返しであったり、次の面接で相談されてしかるべきモノであったりするからだ。そうした話題を電話で(面を接することなく)話そうというのは、面接からの逸脱である。自分と主治医の間に電話というモノを介在させようとしているとも言え、患者が医者-患者関係を変形しようとしていることになる。言いかえれば、面接での治療関係が安定していないことの証明をされているようなもので、これほど医者にとって気の重いことはない。[大平健 一九九〇:一六二]

たぶん名乗らずとも対応できる「相談」には、見えないという距離の気安さと、一方向で終わってしまってもよい関係の気楽さがある。それに対し、「医者-患者関係」は相互に依存的で拘束的で対面的で視認的であるがゆえの、責任にも似た信頼関係の重さがつきまとう。

この精神科医は、医者の側からの「治療」も、患者の側からの「治癒」も、そうした一種の双方向的な信頼関係なしには形づくれないのではないかと感じているのであろう。電話を掛けてくる「自分の患者」は、前述の「今風の患者」と同じく、面と向かっては話しにくいことを伝え、声だけ口先だけで説得し解決してほしいという要望を持っている。しかしながら精神科医としての大平健は、そうした安直な期待は「治療＝治癒」からの逃避であり安易に応じるわけにはいかない、と説く。浅羽通明が、この種の関係を「匿顔性」「匿身性」〔浅羽通明編　二〇〇一：五七〕と名づけているのは鋭い。その意味で、電話の日常生活への浸潤以前には広く存在しなかった「関係」への欲望なのである。

## 固有名詞としての他者

自分という存在の固有名称である「名前」を用いるかどうか。

それで、空間の意味が変わってしまう。

この論点は、匿名のもとで社会的に発言する可能性が大きく開かれたインターネット時代であるからこそ、「社会」構築の原点として、深く論じあわなければならない主題である。

固有名詞である名前のもとで相手に働きかけ、他者として現れるひとの名前を固有性をもつものとして覚える。それは、関係を意味ある空間として受け止め、あるいは重要な他者が位置する場として積極的に受容することである。そのことにユーモラスに触れた石郷岡知子『高校教師放課後ノート』の一節を思い出した。一九九〇年代前半に書かれた高校国語教師のエッセイだが、そこに「名前」をめぐる鋭い考察がある。

石郷岡によれば、得意不得意はあれ、教師はともあれ生徒の名を覚えようとする。名前を知らずに一人一人の人間に接することはできないという使命感もさることながら、名前を知らぬ多数に向かってしゃべりつづけるのはつまらないという感覚があるからだ、という。しかしながら、そう思うのは教師だけで、生徒は科目名を知ってはいても教えている先生の名前は覚えず、「あだな」もつけない。

もっとも、あだなというのは親愛の情を示すものでもあるから、本名を覚える気のない相手につけることはないのだろう。かくして教師は科目名で呼ばれつづけることになる。


「国語のセンセー」

これはまだいい。

「おーい、国語」

まったく、もう。でも、これもまだまし。同僚の女の先生は、トイレ掃除の監督に行っているクラスの生徒から「便所の先生」、時にはただ「便所」とだけ呼ばれて、くさっていた。

要するに、生徒はある特定の場面にあらわれる人物として教師をとらえている。〔中略〕なんのことはない、「先生」とは学校生活に付随しているもの、学校という舞台の背景のようなものなのだ。舞台背景に、名はいらない。〔石郷岡知子 一九九三：五四－五五〕

石郷岡が指摘する教師の「舞台背景」化は、じつはそのまま、この本で論じてきた第三者としての他者の遠景化と、その排除とに重なりあう。

## 二人称の位置にあらわれる可能性

しかしながら、ここにおいてさらに読み込むべきは、それが同時に、やがて二人称として現れるかもしれない可能性をもつ、他者に対する認識の平板化であり衰弱でもあることだろう。だから、それは「対人関係の希薄化」であるかのようにも見える。しかし、いささか過剰に一般化されたカテゴリーの導入をもって片づけてしまうのではなく、むしろ「ことば」の使い手たちの日常的な実践を見つめることが必要である。そのようなカテゴリーでおおわれてしまうコミュニケーションの実践のなかでの、声や文字の「ことば」の力の衰弱こそが、まさに現代の問題として、注目すべき症候ではないかと考える。

コミュニケーションのなかで、自分という主体の居場所を示す。そうした機能をもつことばの原点のひとつとして、自分の名という「固有名詞」がある。個人名は、そうした固有の力を担う名詞として社会に流通し、自己を支えている。

それとまったく呼応するかのように、他者が固有の存在であることを示す表象として、それぞれの名前は機能している。そして他者の名は、固有の経験の「見出し」である。それまでの自分との関わりのなかで蓄積された、さまざまな記憶や経験や知識や感覚を、身体に記録し参照するインデックス（見出し）として大切な役割を果たす。石郷岡の触れている「舞台背景」

としてしか認識されない他者には、そうした「固有名詞」としての役割を果たせるような余地が、最初から割り当てられていない。

二次的な「声」の電話空間においては、第三者としての他者が衰弱しがちである。すなわち、三人称の位置にあらわれる主体の意味が希薄化し潜在化していく。そのことが、現実空間では対面的な形で、また電話空間では直接接続の形で、二人称の位置にあらわれる他者の奥行きを平板化していく。あるいは私的領域と公的領域との境界線を不明確で無自覚なものへと変えている。この本の後半部の考察において、私が主張したい中心的な論理のひとつを、ひどく抽象的に枠組みだけに整理すれば、たぶんそんな形に落ち着くだろう。

見かけた高校教師に対する「おーい、国語」や「便所の先生」という名づけや呼びかけは、そのような枠組みで見ると、いかなる兆候なのだろうか。

結局のところ、それは仲間集団のなかだけで形成され通用している記号が、不用意にも、また何の再帰的な自覚もなしに、外なる公共空間にあふれ出したにすぎない。「あだな」との大きな違いは、社会をさまざまな形で区切っている、公私のその境界線を意識した名づけと呼びかけの実践であるかどうかである。

「国語」や「便所」という名づけに、彼らあるいは彼女らなりの「親愛の情」がないわけではないと思う。しかしながら、その呼びかけに紛れこまされている親密さは、すでに「学校」という形で限られた狭い生活の公的空間のなかですら通じないし、相手には受け取られない。

そこに生まれる「無礼」や「失礼」を、このことばの使い手たちは意識していない。失礼だという批判それ自体が「想定外」だろう。そこで呼びかけられているのは、固有の「面」を有する他者ではないからである。

すでに述べたように、礼儀作法は他者を安全に扱うための政治技術であった（一六五頁）。それゆえ、ここでの無礼や失礼は、「無知」や「逸脱」という以上の変化を暗示している。既知の仲間たちと「線」でつながる世界で使いなれた作法が、「面」で接する現実空間にあふれでたとしても、未知を含んだその厚みに対応できない局面もまた多い。「線」でつながる関係の蔓延のなかで、政治性を担いうる「外向けのことば」の衰弱という現象が進んでいる。

# 13 ケータイメールの優越：「文字」の距離を選ぶ

最後に光を当てるのは、ケータイメールという「文字の文化」である。

6章から12章まで、電話というメディアが新たに生みだした、二次的な「声の文化」を取り上げてきた。電話の「声」の連続においてケータイを論じてきたなかで、なぜ今度は「文字」のメールを取り上げるのか。

ここまで論じてきた他者認識の衰弱が、「メール」のなかでも起こっている、と考えるからである。というより、ケータイメールでのコミュニケーションへの熱中が、一面では、その衰弱を助長している。あえていえば、ケータイ以外での回路を通じて経験しうる、多様な「文字」でのコミュニケーションの力を、触れにくい領域へと遠ざけている。

人類のメディアの歴史において、五千年ほど前に身体化したことばの外化である「文字記号」が出現し、五百年ほど前に、その二次的かつ組織的な複製である「活字印刷」という道具が発明された。その介在が生みだした変化は、たぶん革命といっていいほどに大きなできごとであった。やや議論を先取りすることになるが、「書くこと」は孤独な個体性と、自立したかのように思いこめる内面をもつ主体性とを生みだし、印刷をはじめとする文字記号の「複製技術」は新たな想像の共同性と社会性とをもたらした。その光に満ちていたように思えるプロセスと、その反面で拡がっていった影や暗がりの領域を、あらためて振り返ってみる必要がある。そのなかで、ケータイで読み書きすることの特質を位置づけ、他者認識をめぐる変容がいかに浸潤したのかをとらえたい。

## 日本におけるケータイメールの優勢

先行研究の多くが指摘するように、日本のケータイの使われかたの特徴は「通話ではなくメールでの利用が突出している点」［水越伸編 二〇〇七：二七］にある。すなわち、日本の若者たちは、写真や絵文字を含めたメッセージを、読み、書き、送るためにケータイをひんぱんに利用している。

三宅和子の二〇〇〇年の調査では、音声での通話が一日平均三・三回であるのに対して、メールは六・九回と通話の約二倍であった。二〇〇一年の調査になると、通話が平均一・七二回に減ったのに対して、メールは九・九八回と増え、比率でみると通話の約六倍近くとさらに高くなる［三宅和子 二〇〇一：一四］。中村功の二〇〇二年調査でも、音声利用の通話が一日平均二・一回に対して、メールは九・四回となっているから、やはり同じくメール優位の傾向を示している［中村功 二〇〇五：七一］。たぶん、同じような優勢の実態は、他の測りかたや別な時点での調査でも確認されるだろう。東京大学大学院情報学環編の『日本人の情報行動2005』は、ケータイを持っている人が音声電話を利用する時間が「一日平均で一〇分」なのに対し、メールを読み書きする時間は「約二八分」だったという集計結果を掲げている［水越伸編 二〇〇七：二七］。また鈴木謙介は、「モバイルコンテンツ関連産業」の業界団体がまとめた『ケータイ白書2006』で、「携帯電話でよく利用する機能」に関して「通話」という回答が六六・八％であったの対し、「メール」と答えたひとが一〇〇％であることに驚いている［鈴木謙介 二〇〇八：一〇七］。台湾のメディア研究者ソフィア・ウーも、日本におけるメール優位を次のように指摘している。

印象なんですが、台湾人なら電話をかけるところを、日本人はわざわざケータイメールでコミュニケーションしている感じがします。日本人はどこかで、直接対話することより、間接的なコミュニケーションに頼っているようで、そのこともまた、日本でケータイでのインターネット利用がさかんな理由でしょうね。［水越伸編 二〇〇七：一三六］

ケータイからインターネットを利用するひとの比率も、日本はとりわけ高い。韓国のメディア研究者鄭朱泳は、水越伸との対談のなかで、日本人の約三四％がケータイからだけ、インターネットにアクセスしてメールの送受信やウェブの閲覧を行っているのに対して、韓国では約二％にしかすぎないという、大きな差を指摘している。逆にコンピュータからだけインターネットにアクセスするという比率で見ても、日本が約二八％の少数派であるのに対し、韓国は約七〇％となっている、という〔前掲書：七八〕。もちろん、この実態を利用者の選好や文化の違いに直接に還元するのは早急で、料金を含めた利用環境の制度的な差異もあり、システムが整備されてきた歴史の違いも作用している。ケータイのメールもまた、インターネット利用のコミュニケーションの一形態である。日本では「ｉモード」等のインターネットサービスの開始（一九九九年）を前提に生まれ、「パケット通信料定額サービス」の登場（二〇〇三年）等の利便に支えられて拡大してきた。

**画面への無言の熱中**

ケータイメールの使用は、日本社会では二〇〇〇年代に急激に浸透していった。

二〇〇〇年代の初頭、ある精神分析学者は、駅頭での若者たちのかなりが「親指でピコピコやりながら」画面をのぞき込み、まったく周りを意識していないかのようにたたずんでいる姿の異様さを嘆いた。しかし何年も経たないうちに、ある哲学者は、雑踏や満員電車のなかでの孤独な熱中に「もう誰も驚かなくなった」、と書いている。それほどに多くのひとが、電車のなかで座りながら、あるいは交差点で立ち止まり、時には歩きながらでも、小さな画面を見つめてメールを打っている。

ホームや階段に座り込んで没頭している人もいれば、電車の中でも、全く周囲が目に入らないままケータイを見つめている。いままでの携帯電話だけならまだ会話という感じなのだが、じっと画面を見つめている姿はさらに異様である。［小此木啓吾 二〇〇〇→二〇〇五：一二一－一三］

電車のなかで半数以上のひとが、だれに眼を向けるでもなく、うつむいて携帯電話をチェックし、指を器用に動かしてメールを打つシーンに、もうだれも驚かなくなった。だれかと「つながっていたい」と痛いくらいにおもうひとたちが、たがいに別の世界の住人であるかのように無関心で隣りあっている光景が、わたしたちの前には広がっている。［鷲田清一 二〇〇六→二〇一一：一一五］

まだケータイもウォークマンもなかった頃、二宮金次郎は薪を背負って運びながらも読書をしたと、その勤勉さが一世紀前の国定教科書でも取り上げられ、全国の小学校の校庭に建つ無

**13-1　二宮金次郎の像**（静岡県掛川市）**と『二宮尊徳翁』口絵**
勤勉と立身の象徴として、柴（もしくは薪）を背負った二宮金次郎の像が各地の小学校の校庭などに盛んに設置された。その最初の図像化は、少年文学として刊行された幸田露伴『二宮尊徳翁』（博文館、1891）の巻頭口絵だとされている。

数の像にまでなった。しかし歩きながらもケータイをチェックし、メールを打っている現代人が、「勤勉」だと顕彰されることは考えにくい。二宮金次郎の立身出世のための「読書」と、現代人のケータイでの「読み書き」とでは、同じく歩きながらの実践とはいいながら、どこか「勤勉」であるかのように見える行為の意味が、すでに十分にずれてしまっているからだ。そして多くの分析者たちはケータイでの熱中に、立身と結びついた「勤勉」の内面倫理をではなく、「即レス」（即座に返信すること）の黙契を強迫観念のように抱え込んだ、つながりに関する不安を読み取っている。

すこし先を急ぎすぎた。

ケータイでの旺盛なメール利用は、いかなる意味で、これまで論じてきたような「他者の希薄化」に関与しているのだろうか。

## ケータイメールの送り手と内容

ケータイメールの特徴として議論されていることを整理するところから始めよう。

三宅和子は、ケータイメールによるやりとりは、若者たち自身がいだいている対人関係に関するこだわりや心理的負担を、うまく受け止めて対処できる「適度に快いコミュニケーション空間」〔三宅和子 二〇〇五：一三八〕をつくり上げていると要約した。そこでいう適度な心地よさは、以下の二つの条件のバランスの上に成り立っている。

すなわち、第一は親密さの確保である。会話と同じような直接性に満ちたやりとりの親しさをいつでも維持しておきたい。その意味では、ケータイメールは「直接接続」のケータイ通話の延長上にある。他者との共同性の希求であるとも論じられよう。

第二は距離の確保であり、相手にあまり拘わらないでよい間接性を可能にする。ここにおいて、通話との差異が「文字の文化」の特質をともなって現れる。すなわち「声」の共鳴の共同性を切断したところで成立する「文字」による読み書きの個体性である。

親密さと距離、直接性と間接性、共同性と個体性という、相反する欲求と異なる志向の均衡のうえにケータイメールのコミュニケーション空間が成立している。これまでの分析でも共通して指摘されていることだが、「即レス」へのこだわりもまた、ときに矛盾するこのような方向性の均衡に根ざしている。

もうすこし具体的に見てみよう。

まずケータイメールは、主に既知の親しい友人の間でのコミュニケーションに頻繁に使われている。これまでの調査では、ケータイメールを送る相手としては「友人」［三宅和子 二〇〇一：一六］や「家族や友人といった〝親密な相手〟」［鈴木謙介 二〇〇八：一一一］がもっとも多く、二〇〇二年のある調査では「よく会う友人」「普段会う友人」を挙げた回答者が九〇・八％であった［中村功 二〇〇五：七二］。結局のところ、未知の他者とのコミュニケーションには、あまり熱心には使われていない。

しかもそこでの内容は、時間や場所を問わない、事務連絡や待ち合わせの便宜もさることながら、近況の「同時中継」ともいうべき記述が多く、親密さをかもしだす「自足性」すなわち「コンサマトリー」な利用を特質としている、という。三宅和子の調査では「近況報告や日常のおしゃべりなど」（六五・五％）［三宅和子 二〇〇一：一五］、田中ゆかりの調査では「その場の出来事や気持ちの伝達」（七三・六％）［田中ゆかり 二〇〇一：三九］、橋元良明らの調査では「そのときあった出来事や気持ちの伝達」（六八・二％）［橋元良明ほか 二〇〇一：一六〇］が、もっとも高い比率を示しているのである。その場での心境を伝えたいという「日常の同期的共有」［川浦康至・松田美佐編 二〇〇一：二〇］の欲求、あるいは「感情表出を伴った現況報告」［中村功 二〇〇五：七四］という性格、さらに踏み込んであらわすなら「遠方とつながることで確証される臨場感」［浅羽通明編 二〇〇一：二二二］が指摘されている。

しかしながら、実況中継としての「同期」だけにこだわるなら、通話で直接接続したほうが手っ取り早いはずである。にもかかわらず、メールの間接性が選ばれるのはなぜか。メールがつくり出している「距離」が、送り手の感情にふさわしいものと感じられているからである。

携帯の音声通話では、相手の都合のいい時間を考えねばならないという、通話以前の配慮が必要だ。それに加え、通話内容、話の切り出し方、あいづちや間の取り方、会話の終わらせ方など、家電（家にある固定式電話）同様、気を配らなければならないことが多い。とくに普段頻繁には会わない友人に対しては、会話に気をつかう度合いが増える。その点メールなら、一つのまとまったメッセージを書いて送ると、そのまま返事を待つだけであり、同時進行的に相手とスムーズなやり取りに気を配る必要がない。［三宅和子 二〇〇五：一三九。参照文献表示は省略した］

この選択には、対人関係の維持に関わる、それなりの躊躇も含まれている。たとえば、その場での出来事や自分の気持ちを伝達することに対する漠然とした遠慮であり、声を通じた関係がもってしまう拘束力へのためらいでもある。相手にとって、自分の話は「些細で、どうでもよいこと」なのではないのか、あるいは「迷惑」だとは面と向かっては言われないにしても「相手の時間に割り込むほどのことではない」かもしれないという意識が、どこかで作用しているようにも見える。もちろん、もう一段、判断を親しさのほうにひねって、些細で意味のないことだから、そして面と向かっては文句も言われないだろうから、送っておこうという意識もまたありうるだろう。

そうした意味づけが、「いつ読まれてもいい」メールの一方向性を選ばせる。

この本でこれまで論じてきたように、回線上の声のもつ同時性の規範は、自分と相手とを同じ時間、同じ空間に拘束する。「やり取り」に背負わされた双方向性は、双方にとってハードルが高い。それゆえ当該の他者に「送っておく」だけでひとまず待機できる一方向性が、適度な心地よさとして選ばれているというわけである。

## 親密さと距離の調整

もちろん、双方向性の留保あるいは引き延ばしと、非同期の自由だけでは、「適度な心地よさ」の十分条件にはならない。メールでの内容のやりとりをめぐる効果の感覚も、無視できない要素である。この形式でのコミュニケーションは、いかなる有効性をもち、どんな困難を有するものだと認識されているのだろうか。

本書ではすでに10章で、現実空間での対面的な第一次的関係と、電話空間での視覚が禁じられた第二次的関係での、発話の身ぶりの違いを考察した。そこで浮かびあがってきたのは、正反対の二極の感覚の共在であった。

すなわち電話でならば、「気恥ずかしくて面と向かっては言いにくいことが言える」という、気安さや率直さのメリットが多くのひとから言及される。その半面で、「言いにくいことを言われた相手の本当の反応を確かめにくいから気になる」という心配や、こだわりゆえのデメリットも表明されていた。

同様の対称的で対立する二極は、ケータイメール利用の内側においても観察されている。ケータイメールのことばの空間は、その点からも電話空間の拡張である。中村功は、「携帯メールでは、会ったり電話ではいいにくい、本当の気持ちがいえる気がする」という回答が利用者に多い半面、「携帯メールでは顔が見えないだけに、相手の気持ちを傷つけないような気づかいをしている」と答えた利用者が多いことにも注意を促している［中村功 二〇〇五：七七－七八］。そこでも両方の感覚が共在している。

## 「言文一緒」と絵文字の配慮

研究者の多くが注目している、特異で独特の言語表現も、この「親密さ」と「距離」の調整と密接に関連している。

たとえば、ケータイメールは書かれた文章でありながら、日常会話での普通のしゃべりかたに基礎を置く、「言文一致」ならぬ「言文一緒」ともいうべき軽い文体が基本となっている。そして、書き手の意識もまた「書いている」ではなく「話している」に近い［三宅和子 二〇〇五：一四七］という。ケータイの「直接接続」で形成された親密な通話の延長である。

もちろん基本モードが「言文一緒」とはいえ、送る相手の地位や関係に応じた言い回しや記号の使い分けもないわけではない。各種記号の積極的利用もまた、「親密さ」と「距離」とを適切な快適さに管理しようとする配慮の実践である。具体的には、「(笑)」などのカッコ文字、機種独自の動く絵文字、記号を組み合わせた顔文字、ローマ字表記の記号、方言・幼児語・マンガ的擬音・言いよどみ・間違い字・カタカナの意図的使用等々、さまざまな技法が挙げられる。三宅和子が広義の「絵文字」について述べているように、その使用は特定の意味を伝えるためというより、状況を作り出すための手段である場合が多い。

明確な気持ちを伝えるというよりも、感情の動きや気持ちのゆれがそこにあることを伝えるだけでいいような使われ方が、かなりある。また感情の伝達というよりは、雰囲気を和らげるために添えられているようなものも多い。［前掲書：一五二］。

つまりは、留保や距離の提示を通じての空気の管理の一環であり、バーチャルな対話の空間を調整している。いずれも直接性を感じさせる親密さと、間接性を保証する距離との、バランスのなかで機能している。

そのうえでなお、というか、そうであればこそメディアの選択はやはり重要である。電話の声を避け、メールの文字で話しかける。そのことだけは、明確に選びとられているからである。

この選択は、「無言」あるいは「無音」の環境を好み選ぶことであり、人類学でいう「沈黙交易」のような距離を保った交流を出現させる。そこでは二人称としての他者を含めて、他者に意思が音声として聞かれることがなく、また共鳴の拘束力が作用しない。すなわち、他者の耳を徹底的に排除する「声からの自由」であり、声がともなう共同性や公共性の敬遠でもある。ケータイメールが生みだす「声をともなわないことば」の空間においては、他者のもつ制約力は明らかに遠ざけられており、その分だけ他者の存在感はさらに希薄になっている。そこでは電話やケータイでの「通話」以上に、第三者の位置を占める他者が関わりにくい。また、密室性をもって直接接続しているはずの相手とのあいだにも、「文字」特有の距離と間接性とをもちこんでいる。

## 「声の文化」の通念依存と闘技的特質

いささか大がかりな回り道になるが、ここで「声」と「文字」の道具＝媒体としての違いについて、すこしマクロに考えてみたい。

とりわけ、声と文字とのそれぞれが組織する、「思考と表現」のスタイルの差異に焦点をあてよう。それぞれのスタイル、すなわち文体を、主体との「距離」の問題として、さらには「見えない手」の性能の問題として、とらえ返すことで見えてくるつながりがあるだろう。おそらくその「主体との距離」は、「対象との距離」とも相関している。そして、そこでいう

「主体」には、話し手・書き手だけでなく、聞き手・読み手といった他者も含まれる。だから距離の問題は、主体のポジショナリティ（立ち位置、あるいは立場性）の問題ともなる。

ウォルター・J・オングは『声の文化と文字の文化』のなかで、声の文化における「思考と表現」のスタイルの特徴を、次のような九点にまとめて提示している。

すなわち、①従属節を有する複文のような構造・組織をもたない「累加的（additive）」な表現であり、②分析的な論理や体系的な概念でつなげられているというより、並列的に集合し全体として意味が構成されている点で「累積的（aggregative）」であり、③冗長で「多弁的（copious）」なくりかえしが多い。そのことで、話されたポイントが印象として効果的に伝わり、かえって耳にはわかりやすい結果をもたらすという側面もある。

また、そこでのレトリックや論理は、共有された「決まり文句」のくりかえしや耳慣れた「型」に頼るために、④保守的・伝統主義的で、⑤生活世界に密着した「たとえ」や「なぞらえ」を基本とする一方で、⑥たがいにおいて競い合い、相手をやりこめようとする「闘技的」なスタイルをも、ともなっている。

つまり、⑦客観的に対象との距離をとるというよりも「感情移入的・参加的」で、⑧「恒常性維持的（homeostatic）」すなわち、現在優勢になっている意味・意義を中心に置いて議論や判断が出され、その均衡が作り出される傾向があり、⑨そこで使われる「概念」は抽象的に構築されたというよりは「状況依存的（situational）」である［Ong 1982＝一九九一：八二－一二四］、と論じた。

つまり簡単にいえば、「声」による思考と表現の文体とは、声がことばとして現象する場に依存しており、そこからの十分な「距離」をとったものではない。つまり状況の文脈あるいはコンテクストにしばられている。それは第一に、論理的な構造をもって主張の力が組み立てられているというより、付け加えられ、くりかえされることでの説得力をもつ。第二に、生活世界と不可分で現在の状況に依存した参加的、感情移入的、共鳴的な論理であることによって、他者を効果的にまきこみ、第三に「闘技的」といわれるような、やりとりのなかでの他者との競い合いや交渉の双方向性を抱え込んで成立する。

**「文字の文化」の分析性と状況からの超越**

逆にいうと、「文字」の思考と表現は、状況と明確に切り離され、対象とのあいだに自覚的な距離を有する設定に特徴がある。

それゆえに、声の段階とはまったく異なる「ことば」の抽象性や超越性を、自らの内に抱え込まざるをえなくなった。この特質は、印刷革命の活字段階になって、むしろその本質が明確になったものである。文字の読み書きの実践そのものが、主体と主体とのあいだに、あるいは対象と主体の認識とのあいだに、バーチャルな「距離」を生みだす。印刷革命が「思考と表現」に及ぼした作用を詳細に分析したアイゼンステイン［Eisenstein 1983＝一九八七］は、そこに「文字の文化」の蓄積に固有の積極的で主体的な力を論じている。

あらためて整理しよう。文字の文化における「思考と表現」の特質とは何か。

第一に、分析的な論理である。文字によるコミュニケーションは、並列的で反復的なことばの使用とは異なる、機能によって結合する「論理」を、新たな説得力として発展させた。すなわち、概念の定義や意味の整理、カテゴリーの論理的包含関係、主になるもの／従であるものの区別、因果関係等々の構造化・体系化が、書かれたものの蓄積のうえでなされる。そして、その拡がりや厚みを組織的に見渡せるような空間性を、ことばのなかに生みだすのである。まさに正確な意味での「論じること」あるいは「分析すること」が生まれた。文やカテゴリーの形で表された主張や観念を、それを構成している意味の要素に分解して、その要素と要素とを結びつけている関係を明らかにする。そのことで、より明確に対象を理解するような作業が、そこではじめて可能になる。

それは第二に、身体の位置する現在の生活世界への依存から距離をとることにおいて、文字による思考と表現が成り立ったことを意味する。すなわち、それは生活世界の「恒常性」や「状況依存性」からの脱却であり、「感情移入的」で「参加的」な拘束力の切断であり、「闘技的」なコミュニケーション空間からの逃避、あるいは平和を求めての超越である。

この大きな転換において、文字と印刷が果たした役割は大きい。文字の技術の身体化は、ことばの広範な記録や蓄積を可能にし、印刷が生みだした文字の複製は社会的な共有に、新しい水準と位相をもたらした。声としてのことばのもつ共同性から一定の「距離」をとって関わる「もうひとつの場」を可能にし、ことばという不思議な道具のなかの、新しい批判力と説得力の誕生を可能にしたからである。

オングは、「文字の文化」が生みだした、ある種の切断・喪失と復活・再生のダイナミズムについて、次のような含蓄ある歴史認識を掲げる。

プラトンの認識論の全体は、プラトン自身が意識していなかったとしても、実際においては、かつての、声としてのことばにもとづく生活世界の計画的な拒絶だった。つまり、動きにみちていて、あたたかな、人間どうしのやりとりがある、そうした声の文化の生活世界の拒絶だったのである（そういう世界の代表者である詩人を、プラトンはかれの「国家」から追放した）。〔中略〕逆説的なのは、こうして死んだテクスト、つまり、生きいきとした人間的な生活世界からぬきとられ、硬直して視覚的な凝固物となったテクストが、耐久性を手に入れ、その結果、潜在的には無数の生きた読者の手で、数かぎりない生きたコンテクストのなかによみがえるための力を手に入れるということである。［Ong 1982＝一九九一：一七〇－一七二］

## 共有された間違いをただす批判力

つまり第三に「視覚的な凝固物」である「文字の文化」は、声の対面性に基づく共有空間とは異なる、まさにバーチャルであると同時に紙に記された物質性をもあわせもつ、広大な「ことば」の公共空間をつくり出した。

印刷文字すなわち活字が付け加えた標準化・記号化による脱身体性と、複製技術が生みだした時空を超えたテクストの同一性は、読者の公共空間ともいうべき場を立ち上げる。「古典」「教養」「活字文化」等々のことばで、人びとはこの共有地の存在と、それが果たす重要な役割を指し示してきた。そこは世代や地域を超えた視覚的な文字による新たな拡がりと、図書館や文書館のような蓄積の奥行きをもつコミュニケーション空間であった。

なるほど、印刷は多数の複製を、正確に同一なるものとして生みだす。そのことを通じて、情報の共有空間を産出した。しかし、そこで生まれたのは「事実」や「真実」とされたことの伝達だけでなかった。無数の「間違い」や「いいかげん」なことも、正確に複製され文字に定着して、誰もが参照できる形に固定されて普及した。であればこそ、この複製情報の空間のなかから、情報の相互の矛盾を批判し、その正しさの度合いを評価し、信頼できるかどうかを審査し、その結果を自らの主張すなわち「論」として、ふたたび文字化する書き手としての読者＝主体が生まれてきた。

誤りや間違いまでも正確に紙に複製される。自分だけがではなく他者もまた、疑問を持った場合にはそこにおいて参照し確認できるものとして残る。そうした印刷本（刊本）の確かな厚みが、読者という主体に批判力を与え、より正しい解釈を戦わせうる論述の「公共圏」を立ち上げたのである。

文字の学習と日常的使用は、口頭で話され「記憶」されるだけの集積では達し得ない、世代を超えた巨大なことばの蓄積を、たとえ潜在的で断片的なままの形態であれ、「記録」として社会に刻みこむ。その網羅的な収集と発掘とは、やがて「国語辞典」のような編集の形式において、ことばそれ自体のネットワーク性を視覚的に一覧することができる便利を成立させる。日本の平安時代末から明治初頭まで、やりとりの実践の形式にそって模範文例が編纂された「手紙」の書きかた（「往来物《おうらいもの》」という）が、初等の識字教育の教科書の中心を占め、やがて事典的な要素をも備えていったのは、たぶん偶然ではない。

ことばの豊かさと意味の厚みとは、文字の媒介と印刷の複製技術とによって、「行為遂行的《パフォーマティブ》」に、すなわち、文字の使用と印刷の実践を通じて、組織的かつ分析的に再構成されながら、共有されることになったのである。本書の冒頭に記したとおり、人類史を見渡してみると哲学も歴史も文学も社会科学も、まさにこの新たな複製技術の公共空間において、種が撒かれ、芽吹き、多くの主体によって育てられ、収穫された「ことば」の果実である。

以上のようなことを確認したうえで、もともとの主題に戻る。

ケータイメールは、いかなる「文字の文化」であろうか。すなわち「文字の文化」のこの壮大な歴史のなかの、あるいは、こうした読み書き（リテラシー）の幅広い可能性のなかの、いったいどこに位置づけられる文化なのだろうか。

# 14　ケータイで書く：「文字の文化」からの断絶

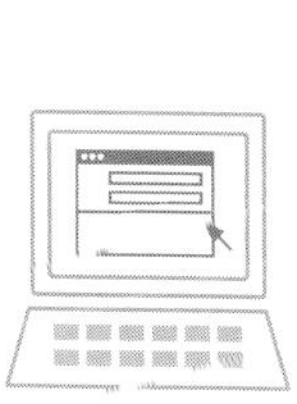

人類の巨大な遺産である印刷本の集積と、メールの文字世界とを、直接に対比して論ずるのはいささか枠組みとして無理があるし、押さえなければならない領域が広がって荷が重い。背景にあるインターネットの世界の公共性のなんとも不透明な構造に、もっと深入りして議論せざるをえないからだ。それよりは、「手紙」の手書き文字の文化と、ケータイの「メール」での液晶文字の経験を具体的に比較するところから取りかかるのが示唆的だろう。

## 手紙の身体性とコンピュータの印字

かつての手紙は、すべて手書きであった。手書きの身体性は、それぞれの個性の表現とも結びついていた。内容メッセージの善し悪しとはまったく別に、しかもメッセージの伝達とまったく同時に、手書き文字はその筆跡（「手」）によって、書き手個人の精神状態や能力に関する印象を伝えていた。コミュニケーションは、情報の内容だけではなかったのである。

日本社会でさまざまな文書を「書く」実践に、ワープロという名のコンピュータの便利が急速に侵入してきたのは、一九八〇年代の後半であった。ビジネス文書だけでなく、個人的な手紙にも、ワープロの印字が増えていくようになる。

印字（印刷文字）が手書き文字に置き換えられていくプロセスは、ある意味で身体性の「隠蔽」あるいは「脱色」でもあった。「私信」という内面の心情の伝達を主題とするコミュニケーションの領域において、その簡略な印字形式の採用は、ことばの記号性、視覚的な非個人性・脱人格性を高める作用を果たした。だから今もって、「ワープロの手紙は失礼になる」という躊躇をもつひとも少なくない。最終的には紙に打ち出すのだから、せめて自分の名前くらいは手書きにすべきだ、という配慮を勧めるマナー指南の書物もある。そこに人格としての個人を感じにくいからである。

## ワープロやパソコンで文字を書く経験

そのためらいは十分に理解できる。しかしながら問題をとらえる視点は、受け手・読み手からだけでない。書き手も視野に入れなければ不十分である。コンピュータの印字の非身体的で規格化された文字の「距離」は、書く主体の「思考や表現」の経験にも作用している。

書く主体は画面を見つめながら文字を打ち、変換し、画面上で文章を構成する。そして多くの場合、打ち出して全体を見渡し、細部をときに書き込んで直し、ふたたび画面と向かい合うというプロセスが続く。そこで何が生まれたか。あえて近代の私信としての「手紙」を枠づける「私」対「私」の通信という意味づけをはみ出し、手で書くこととコンピュータで書くことの違いに光を当ててみたい。

かつて「ワープロで書く経験」について自分の体験を素材に分析し、論じてみたことがある［佐藤健二 一九九三］。そこでのポイントの一つは、紙に書く経験と異なる「推敲」の進みかた、すなわち読者としての「書き入れ」「書き換え」の経験である。それは、私にとって意外な新しい発見であった。私が、そこで感じたのは以下のようなことである。

第一に、自分は「書き手」である以上に、最初の、そしてつねに同伴する「読み手」つまり読者であった。それは一面では主体の分裂ともいえる事態であり、自己の内面におけることばとの意識的な対話でもあった。手書き文字でない「印字」であることが、読書と同じ経験を引き寄せ、書くことを満たす内的コミュニケーションに気づかせたのだと思う。書き手である自分はたしかに「著者」であったが、読み手である自分は「読者」であると同時に「編集者」でもあった。それはどこかで、現代の社会心理学者や自己論の研究者が論ずる「複数の自己」の指摘と重なるようでもあるが（一九九頁）、対人関係の場面での使い分けにおいて立ち現れるのではなく、文字として自ら生みだした「ことば」との個人的で身体的な関係に基づくものであるところが大きく違う。

## 自分の痕跡の消去

そして第二に感じたのは、奇妙な言いかただが、自分が直接に見えてしまうような痕跡が消えてしまうことの積極性である。ワープロの原稿では、テクストがいつも整理されたかたちで印刷されている。すなわち、それまでの手書きの修正の逡巡や躊躇や興奮が消されて、整えられ完成されたなめらかなものとして現れてくる。それはまた、印字の非人格性の確認でもあったけれども、それが有する切断の感覚にも驚いた。「清書」というのとはすこし違う。「草稿」と「清書」の区別がゆらぎ、「下書き」と「完成品」との差異が、意味をもたなくなったのである。

原稿をワープロで書き、それを直す。「原稿」が、「校正」のような、あるいは「書物」のような印字で出てくる。その最初の感動を、すでに私は忘れてしまっている。しかしながら、紙の上での書き込みであれば痕跡として、ときには読めてしまう形でも残る推敲以前の「過去」のテクストが、まったく見えなくなり、つねに「現在」の形で整えられてフラットに提示されることは衝撃であった。ある意味で過去の記憶は断ち切られ、それゆえに文字面はつねに新鮮である。そして、いつまでも直せる。しかも、いつもフラットに現在中心の現在である。ワープロやパソコンが、その道具を使って書くという経験に生みだしたのは、そのような「過去」をたえずリセットしてなめらかな表面にしてしまう、奇妙に混乱した「距離」の空間である。

### Eメールの液晶文字と手紙の作法

画面で書き、印字で読む。その経験は、手で書くことにつきまとう身体性を変化させていく。その経験に接続する形で、次の時代を新しく拓いたのが、一九九〇年代にワールドワイドなネットワークを整えていくEメールである。

Eメールでは、書き手である自己と、読み手である他者との間にある「通信」の枠組みに、新しい速度が付け加えられた。画面で入力されたほぼそのままが送られ、相手の画面に表示され読まれる。印字から液晶文字への変化は、手紙を支えていた素材である紙と、郵便制度という配送システムから、コミュニケーション空間が離れ、独自の遠隔地コミュニケーションのネットワークを確立したことを意味する。郵便システムでは不可能であった「速さ」が、実現されたことはいうまでもない。

しかしながら、このEメールは、書き手である自己と、読み手である自己との「思考と表現」すなわち「内的コミュニケーション」の枠組みに、なにか新しいものを付け加えたわけではなかった。それゆえ、Eメールでのやりとりは、手紙がつくりあげてきたコミュニケーションの様式を、それほどまでに大きく逸脱するものではなかった。

手紙の書きかたは、頭語や時候挨拶に始まり、用件の本文のあと、結語の末文や署名・宛名の後付けにいたる。その構成、すなわち認知心理学的な表現を選ぶならば「プロトコル」といってもよい対人関係作法の基本ルールから、Eメールの手紙は大きく逸れていない。具体的な他者を宛先とする、手紙の代用としてのEメールまでは、既存の作法は簡略化されつつも受け継がれていたからである。その点で、たとえば、「2ちゃんねる」のような、新たなインターネットの「公共空間」での匿名での放言の書き込みや、その唱和的で流言的で人格非難の急激な増殖としての「炎上」などとは異なる。Eメールの通信文として書くことの実践と、ツイッターの文化にもやがてつながっていくインターネット上での書き込みとを、コンピュータの画面を通じた液晶文字での文章だからといって、混ぜ合わせて同一視するのはあまりに粗雑で乱暴である。

おそらく、これから論ずるように、ケータイメールとコンピュータ（パソコン）中心のEメールとの「文字の文化」における断絶線もまた、そう思われている以上に深い。

**直接接続の「おしゃべり」の文体**

あえて図式的に単純化して言うと、ケータイメールの文体は、私的で親密で、皮膚感覚的で、ときに用件も目的ももたない、直接接続の「おしゃべり」の声を経由して形成された。

すなわち、メールの二次的な「文字の文化」における様式性の不十分な発達と、電話の二次的な「声の文化」の日常的な熟成としての「おしゃべり」が隣接し、相互に影響を与えながら、ケータイメールの既知の他者を中心とした「言文一緒」の様式と文体とが成立したのである。その個室性と限定された共同性とは、「無音の声」である文字によることばの行為遂行的《パフォーマティブ》な実践を通じて、形成され、維持され、再生産される。電話空間でやがてメイン・ストリームを占めるものになっていく、既知の他者に対する「私」のおしゃべりの親密な世界が、文字での交流の領域に写し移され、ケータイの移動自由の日常化とともに遍在化していく。

「様式性の不十分な発達」とは、手紙のもつ他者とのプロトコル（通信のための手順ややりとりのルール）が、Eメールの速度における配慮を取り入れて、新たな様式を生みだしたとはいいにくいことを指す。そして手紙が形式として積みあげてきた遺産も十分に受け継がれないままに、すでに顔見知りという感覚に守られた既知の他者との「同期《シンクロ》」を中心とするケータイの文体へと萎縮してしまった。であればこそ現代の社会人たちに向けて「ケータイメール術」を指南する書物は、もういちど「会話」のなかにあったはずの社会性を思い出してごらんなさい、とアドバイスしている。

> 親しい人との一対一のメールのやりとりでは、第三者の目がないこともあり、特にひとりよがりやわがままになりやすい。マナーや常識の基本的なところは、会話と同じと考えて。
> ［日本放送協会・日本放送出版協会編　二〇〇九：七四］

しかしながら、この「通信」の局面だけでメールを論じようとすると、どうしても「文字の文化」の拡がりの考察から切り離される。そのマナーの教育はつまるところ、その場その場での実際的な指導にとどまり、丁寧で誠実な応対の文章を、ケータイの液晶画面でも書きなさいというアドバイスにとどまってしまうからである。

文字が組織した「思考と表現」の問題領域のうち、特定の他者に向けた表現は「礼儀」として問題にできる。しかしながら、自己との関わりや、第三者の厚みをもった他者の蓄積としての関係を含みこんで成立する思考の問題は、主題化できずに背景に退かせてしまう。ケータイメールの空間における「書くこと」は、ツィッターのような新しい便利の瞬間的な接続以外には、公共空間となんらかの形でつながりうるような回路を見失っているように思える。

そのような断絶が生みだされた要因はなにか。

**文章の過度の短さ**

第一に、やはり文章としての短さがある。あるいは、短さが抱え込まざるを得ない文体の困難がある。

通信事業者によって異なる「文字数制限」のシステムの問題ではない。むしろ、画面と読み手との相性のほうが要素としては大きい。スクロールしていけば、それなりに相当に長く続けていけるとはいえ、ケータイのことさら小さな画面に、長くて複雑な文章があまりふさわしいと思われていないのは事実だろう。そして、その画面は手紙と同じく、結局のところ自分一人にしか基本的には見られない。他から覗かれないほうがよいと、横からも見えないさまざまな防止機能が工夫されているのが普通だからだ。そのディスプレイに表示されているのは、ごく短い、片言と言ってもよい散文である。

一時期「ケータイ小説」が話題になったことがあるが、それは新しい文学の「主義」（たとえば「自然主義」「ロマン主義」「実存主義」「象徴主義」等々）や、ジャンル概念（「大衆小説」「プロレタリア文学」「ルポルタージュ」「ミステリー」等々）や、特有の「文体」を生みだしたのだろうか。インターネット常時接続体制は、「ウィキペディア」や「質問サイト」に情報源を依存したタイプの「論文」や「レポート」を生みだした傾向があったが、同じようにケータイという端末機器の普及は、「書くこと」に何らかの新しい影響を与えたのだろうか。

他者との直接のつながりを「日常の同期的共有」として実現していれば十分である、と感じているところで、新しく「論じる」文体が必要とされるだろうか。「即レス」をめぐる不安が立ち現れることはあっても、新たになにかを理念的・現実的に分析する文体の構築に向かわせる力が生まれるとも思えない。まれに提言や批判をふくむ「独り言」の交差・交換が公共空間へとあふれ出す現象を生みだすていどなのではないか。じっくりと説くには短すぎ狭すぎるために、強く印象に残る表現や記号の工夫に走って、その文体は広告の文案に近づいていく。

その点では、武田徹の次のような診断は、基本的に適切だと思う。

ディテイルや文脈への配慮を欠いた短文、極端には名詞だけによる伝達を自然体で行わせるようになったことこそケータイ時代のコミュニケーションの特徴なのではないか。［武田徹二〇〇八：六四］

**参照する力の衰弱**

第二に無視できないのは、参照する力の衰弱である。すなわち、それまでの経験や思索の蓄積を参照すべきもの、あるいは関連するものとして引用し、そこから学んだり、違いを考えたり、再構成したりするという「書く」うえでの作法が成立していない不十分さである。「現在中心主義」あるいは「刹那主義」と言ってもよい。「恒常性維持的《ホメオスタティック》」で「状況依存的」な声の思考と表現への回帰である。これは第一で指摘した、短さゆえに「論じる」文体を発展させていないということとも対応している。ケータイメールでは、コンピュータ上でのメールや論考の文章と異なり、いわゆる「引用」が極端に少ない。たぶん必要とされていないのである。

しかも、正確な意味での「引用」が、じつは他者の尊重であることを考えると、この不足や欠落が意味するところは深い。ただ内容を、そこに写して持ってくれば「引用」なのではない。

他者の意見や達成と、自分の主張とを明確に区別する作法なしでの引き写しは、「剽窃」と非難されてもしかたがない。出典の明記は、引用した相手への敬意であるという以上に、第三者としてあらわれる読者による確認や批判の参入を可能にするという意味で、「文字の文化」の公共性を支えるものであり、その構築につながっている。

ケータイの液晶文字もまた、基本的には「文字の文化」の力を共有している。通話の声の共鳴の同時性からの解放は、返信という反応までの余裕として、どこかで時間の自由を確保したことを意味した。さらに、文字での返信は、声での即時的な返答と異なる、よりふさわしい表現への推敲や論理の再編成という、「私」に再帰する時間の捻出を可能にしたはずである。しかも電子化した「メール」は、過去のやりとりが自動的に保存され体系的に整理される。そのような便利は、「手紙」ではとても望めない。蓄積がはるかに参照しやすく、意識的な検索の対象ともしうる点は、メリットとして使えるはずであった。

しかしながら、現実は異なる。ときに「記録性」とも指摘されることもある、こうした特質を、さてどれだけ主体的に活用しているか。文字による反省あるいは「再帰性」の時間が、どのていどの主体性を育んでいるか。たぶん、「即レス」の不安に縛られた、刹那的・瞬間的な短文での満足が支配的な交流の世界では、単純に辞書を引くというようなことを含めて、そうした蓄積参照の必要はあまり意識されないように思えてならない。

テレビ電話の分析で参照した認知心理学者が、感銘を受けた小説の一節は、その点でじつに示唆的である。

携帯電話はどこにあっても個人を閉塞した輪の中にとどめ、一人でこそ得られる発見、会えない時間が育てる人間関係といったものを失わせる。〔原田悦子・野島久雄　二〇〇四：三一二〕

かつての「文字としてのことば」は、まさにここでいう「一人でこそ得られる発見」の孤独な時間を黙読と書くことにおいてつくり出し、「会えない時間が育てる人間関係」という、距離を乗り越える想像力を可能にするものであった。

**共同体の想像あるいは公共性の構築**

そこで第三に考察すべきものとして、「想像の共同体」の共同性・公共性の質に関わる問題が浮かびあがる。ケータイの画面の液晶文字が立ち上げる、共同性想像のメカニズムや形態を最後に考えてみよう。それは、これまでの印刷文字を基礎とした「文字の文化」が構築してきたダイナミズムと、明らかに異なるのではないか。

ベネディクト・アンダーソンは、印刷革命以降の「文字の文化」の厚みのなかで、日刊の「新聞」を取り上げ、それがいかなる共同体の「想像」を、人々の日々の認識や生活のなかに立ち上げたかを鮮やかに分析している〔Anderson 1983＝一九八七〕。

「新聞」は毎日定期的に、日付を明記して発行される。それはまるで広場の教会の「時計」のように皆に参照され、まさしく時計と同じように、毎日毎日を刻む。そのことによって、新聞を共有する集団を貫く「まったく新しい同時性の観念」〔Anderson 1983→1991＝一九九七：七六〕が社会的に生みだされる。と同時に、近代社会を特徴づける「ゆるぎなく前進する均質で空虚な時間」〔前掲書：六〇〕の枠組みが、人びとの意識の日常のなかに刻みこまれ、埋めこまれる。個々のニュースの情報としての「新しさ」を配布すると同時に、「均質な時間」の流れの共有枠組みをインストールする。このパフォーマティブな特質こそが、近代新聞のもつ公共性であった。

新聞の読者は、彼の新聞と寸分違わぬ複製が、地下鉄や、床屋や、隣近所で消費されるのを見て、想像世界が日常生活に目に見えるかたちで根ざしていることを絶えず保証される。〔中略〕虚構は静かに、また絶えず、現実に滲みだし、近代国民の品質証明、匿名の共同体へのあのすばらしい確信を創り出しているのである。〔Anderson 1983→1991＝一九九七：六二〕

すなわち新聞は、毎日必ず書かれるじつに勤勉な「日記」であると同時に、進歩や前進や発展を枠づける新しい時間の感覚を生みだす「時計」でもあり、できごとの列挙を通じて新しい空間の想像を生みだす「地図」でもあった。しかも、エリート知識人たちだけの特権的なラテン語ではなく、生活のなかで日常的に話している土着言語で書かれる。それゆえ、人びとの皮膚感覚に訴える。出版資本主義の「活字文化」が生みだしたのは、そうした枠組みをもつ「想像の共同体」であった。

アンダーソンは、「聖典」と「王」と「永遠」の三つをめぐる古代・中世世界の安定性がゆっくりと崩壊したあとに、「人間」と「権力」と「時間」を意味あるかたちでつなげようとする近代社会における主体の模索が始まった、という。

そして、そうした模索をなににもまして促進し、実りあるものとしたのが、出版資本主義《プリント・キャピタリズム》であった。出版資本主義こそ、ますます多くの人々が、まったく新しいやり方で、みずからについて考え、かつ自己と他者を関係づけることを可能にしたのである。〔Anderson 1983→1991＝一九九七：六四〕

ひょっとしたらケータイやコンピュータもまた、あるいは印刷本という「端末」が生みだしたような自己省察と公共性構築の回路を、かつての「出版資本主義」とは別な新しいかたちで生みだすのかもしれない。そうした未来予想を、頭から「不可能である」と否定しようとまでは思わない。

しかしながら、ケータイがどのような形で「書くこと」を実践しているのか。その現在を観察するかぎり、ただ技術革新の驚くべき速度とあなどれない柔軟性にだけ希望をあずけて、あまり安易に、その輝かしい未来を楽観するわけにはいかない。

これまで観察されてきたことに基づいて判断するなら、ケータイメールの小さな画面がつなげているのは、密室化した仲間たちの個室のそれぞれの「線分」の連鎖であり、そこにあらわれる他者は親密な共鳴をときに示しながらも、必ずしも公共的で社会的な空間へと媒介する役割は果たしていないからである。

もちろん、その共同性の特質も可能性も、「ケータイ」というメディアの装置それ一つで閉じたものとして捉えられるべきではない。われわれはしばしば、メディアごとに独自の「人間類型」や、特有の「リテラシー」があると思い込んでしまう。しかし社会におけるメディアの力は、特定の装置（デバイス）のなかで完結するものではなく、紙の書物の蓄積や、新聞・ラジオ・テレビ等のマスメディア、インターネット空間など、既存のメディアとの接合や扶助や競争のなかで現実化されるものだからである。

# 15 ケータイ化する日本語：ふたたび「身体」としてのことばに

7章以降で繰り広げてきた分析の概略を、ごく簡単にふりかえりながら、この最終章での課題につなげていこう。電話であるケータイは、人間のコミュニケーションをどのように「拡張」し、ことばの身体性や空間性にいかなる変容をもたらしたのか。

① 印刷が「文字」の複製技術であったと同じように、電話は「声」の複製技術であり、「ことば」の容器の革命であった。「ケータイ」の普及は、電話空間の拡大である。視覚の相互性が欠如し、声の共振性が二者関係に閉じる、奇妙なコミュニケーションの場を、移動する身体のまわりに生みだす。

② テレビ電話の緊張や留守番電話の話しにくさ、無言電話の不愉快などの分析が浮かび上

がらせたのは、コミュニケーションにおける「空間の共有」の重要性である。そこでの「空間の共有」は、同時性すなわち「時間の共有」をも含む身体の拡張であり、皮膚感覚の相互性においてい成り立つ。そして「ことば」は、やはり、もうひとつの皮膚であった。

③　しかしながら、電話によるコミュニケーションには、空間としての奥行きのない平板さがつきまとう。他者の「沈黙」を許容することがむずかしく、第三者の位置にある他者の存在を巻き込むことがない。直接につながる二者が回線のなかで親密に声を交わせる反面、話し手の傍らや聞き手の向こう側の第三者としての他者は、コミュニケーション空間から排除される。

④　現実空間における声は、第三者としての他者をも巻き込みつつ、空間を作りあげていく。電話空間においても、かつては電話交換手の存在や「呼び出し電話」の習俗のかたちで、他者の手間を媒介した社会性があった。そうした他者と向かいあう習練の機会は、機器の大衆化と直接接続の日常化によって失われ、不便で信じられない昔話として忘れられていく。

⑤　新たに立ちあらわれてきたのは、線でつながる相手である他者に合わせるかのように、複数に分裂しやすくなった「自己」であり、既知の内側の気安さに閉じ込められて、未知の外部へと拡がっていかない「他者」関係である。とりわけ、電話という遠隔地交信の技術が意図せざるままに提供した「見られること」の拒絶は、じつは「面」をもってふれあう人間のコミュニケーション空間に、見通しにくい奇妙な個室的環境を生みだすことになった。

⑥　つまり、これまでの章で「第三者の役割の縮小」として、あるいは「他者の存在の希薄

化」として論じてきた問題は、まさしく電話空間の拡大と浸透のひとつの結果でもある。ことばを話し、聞く、あるいは書き、読む実践が行為遂行的につくりあげるコミュニケーション空間の問題である。

⑦　ケータイで書く「文字の文化」も、電話で話す「声の文化」の延長上に生みだされたものであり、「他者」の希薄化を自動的に乗り越えるものとはいいにくい。メールの文化は「即レス」への不安や「ツィッター」のつぶやきの交差は生みだしたが、「ことば」の政治力を感じさせる新しい「文体」をまだ生みだしてはいないからである。

⑧　そこでの「公共性」構築の障害になっているのが、そのコミュニケーションでの文章の短さであり、他者を尊重し参照する力の衰弱である。その意味で、なるほど「通信」の速度と頻度とは大きく増大したが、印刷書の公共圏を成立させた「文字の文化」の再帰性・反省性が、ケータイにおいて新たな展開を見たわけではない。

⑨　しかしながら、このような苦境を乗り越える力もまた、身体性に根を有し、想像力の翼をもつ「ことば」によって育てられる。「リアル」と「バーチャル」の粗雑な二分法を越えた、「ことば」のもつ交流と思索と感受の道具としての特質の活かしかたが問われる。すでに前半部において論じた、見えないもうひとつの「手」と「脳」と「皮膚」の力に、あらためて期待するところもまさしくそこにある。

最後に、その課題に触れて、この考察を閉じることにしよう。

**「ことば」の思想家に学ぶ**

じつは私は、「柳田国男」の研究者でもある。しかしながら、読者としてみると少し風変わりで偏っていたかもしれない。この思想家の書いた文章から、その歴史社会学の方法を自由に学んできたからである。もちろん、勝手な一人合点でテクストを解釈し、自分に都合よく利用してきたなどと言いたいわけではない。私にとって「柳田国男」という思想家は、いつも意外な示唆と新しい思索の手がかりとを与えてくれる他者であり、奥行きの深いテクストの巨大な集積であった。そこからの暗示は、『読書空間の近代』（弘文堂）に始まって『歴史社会学の作法』（岩波書店）や『社会調査史のリテラシー』（新曜社）にいたるまで、私の社会学の発想に刺激をあたえ、更なる探求をうながすものであった。

柳田国男はまた、たしかに後に「民俗学」と呼ばれるようになる学問の方法的な基礎を作り、日本文化研究の領域を大きく拡げた。信仰・宗教から自然・環境や物質文化まで、さまざまな研究の具体的な主題がそこで提示されている。しかしそのもっとも根のところにあって、多様で幅広い研究領域を支えていたのは、「ことば」に対する透徹した認識であった、と私は思う。とりわけ「声」として、生活のなかで話され聞かれる「ことば」を重視し、その身体性や空間性ともいうべき特質に光をあて、そこに「文字」によっては記録されなかった日常の歴史を読み込んでいった。そこに、柳田の学問のポテンシャル（可能性としての力）の中核がある。

この思想家は、その根本において改良主義者であった。

であればこそ「日本語」という、道具としてのことばそれ自体をも、改良・改造の対象としていく。日本語が近代において大きく変わり、ひとびとのコミュニケーションの実践に、いくつかの深刻な問題が生みだされた。この改良主義者は、そのことを見逃さなかった。

私がこれまで柳田から学んで論じてきたことをごく簡単に、かなり自由に要約しながらふりかえっておくことは、たぶんこの本のなかでなぜ私が「ケータイ」ということばの容器を論じてきたのか、その背後に潜むコンテクストを明らかにすることでもあるだろう。

## 「ことば」をめぐる三つの視点

柳田の「ことば」論から学んだことは、たぶん、以下の三つほどにまとめられる。

第一は、「ことば」を使いこなす力のとらえかたをめぐってであり、その身体性と社会性と政治性である。私もまた柳田と同じく、ことばの機能を伝達力としてだけでなく、思考を組み立てる力や感受性を構築する力としてもとらえ、「考へてどこ迄も其社会を改造して行ける動物」〔柳田国男 一九三四→一九九八：二一四〕としての人間の基本的な政治力として、その涵養と育成とを提起している。

第二は、その力の不足を主体の「ことば」運用の個人的な能力の問題としてだけでなく、メディアとしての言語に実装された性能の社会的な欠陥として批判する、複眼の重要性である。すなわち、近代の日本語というわれわれの「国語」のありかたのなかに、思考と表現の自由をさまたげるような特質が生みだされてしまった。柳田はそのことを批判し、その改革を展望する、特異な歴史社会学者であり、そこから私は文化批判の基本的な作法を学んできた。戦後社会科学を支配した「主体性」の欠如（もしくは確立の必要性）という批判の論理にとどまることなく、近代日本の文化の具体的な形態をとらえようとする。「ケータイ」をことばの容器として論じてきたこの本の狙いも、この柳田の文化批判・メディア批判の延長上にあらわれる。

そして第三は、「新語」すなわち新しい「ことば」を創り出す実践への期待である。この論点は、通常の柳田解釈からは大きく異なる、私独自の読みこみでもある。しかしながら私は、「昔話」のなかに古代や中古の信仰をではなく、「世間話」の新しい力を読む視点こそが重要だと思った。そして各地の「方言」に古語の連続・残存ではなく、地方生活に基づいて工夫された「新語」の交錯や、「ことば」生産の力の衰弱を論ずる立場のほうに、基本的には大きな可能性を感じた。

新語は新しい解釈と感受性の容器である。マクルーハン風に言うなら、容器としての「メディア」は、内容としての「メッセージ」と異なる水準において、読者に受容される。新語もまた、ひとつひとつのことばの意味内容とは別に、新語を使って会話するという、より表層的であると同時に継続的な形式において、使い手たちのコミュニケーションに新しい解釈と感受性とを生みだし続けている。まさしく、その意味において、「メディアはメッセージである」。

## 国語教育と「言論の自由」

もうすこし具体的なテクストに即して、私が柳田から受けとってきた示唆と暗示を説いてみたい。

柳田国男が「ことば」を「呼吸」と同じだと重ね、「飲食」の日常生活と同等にとらえた［柳田国男 一九三九→一九九八：六〇］のは、その身体性を深く認識していたからである。その一方で、「ことば」は文化的で社会的な技術である。それを豊かに使いこなす力は、すべてのひとが生まれた時から身につけているわけではなく、教育と自修の社会的な成果である。であればこそ、生活環境によって、あるいは国語のありかたによって、それぞれの個人が「ことば」を使う様態にも力にも、差異が生まれる。

かつての農村社会では、普通の人びとのもの言いは、今日でいう「無口」とはまったくレベルが異なっていた。すこし改まっての公式の発言となると、「百語と続けた話を、一生涯せずに終わった人間が、総国民の九割以上」であったが、いかなる経緯かも自覚しないまま「言語の効用がやや不当と思われる程度にまで、重視せられて居る時代」［柳田国男 一九五三→一九九九：六九八］へと移り、コミュニケーション状況は大きく変化した。半世紀後の今日になると、テレビ・メディアの番組空間までもが「おしゃべり」中心の時代へと突入した。このような発話重視の世相への変容の指摘は、ある意味で予言的でもあった。

この思想家が敗戦後の日本社会の課題にふれて、自分の学問が役立ちそうな領域として掲げた一つが「国語教育」であったことは、その改良主義者としての自覚ゆえであろう。この「国語教育」は別な言いかたを選ぶならば「言論の自由」の確立である。そして、それは「話す」という局面でだけの課題設定ではなく、「聞く」ことまで射程に入れている。

柳田が「自由にはぜひとも均等が伴わねばならぬ」［柳田国男 一九四六→二〇〇四：二三二］と強調したとき、眼前の問題として見つめられていたのは、ある種の「格差」である。すなわち、誰でもが思ったことを思った通りに言える「言論の自由」において重要なのは、「誰でも」の均等、すなわちそれぞれの身ぶりの局面における平等の実現である。「よく口のきける」少数の能弁・多弁と、「うまくものが言えない」多数の無口とが混在していて、「話す」ことの自由という権利だけが尊重されるなら、かえって誰もが押し黙っていた時代よりも、結果の不公平がひどくなるかもしれない。

もちろん、ひとはただただ自分一人の利益のためだけに発言するものではない。人間という動物の社会では、声なき声の意思を「ことば」に託し、共同の福利の実現のために、代わって交渉しようというひとも登場してくる。しかし、その親切な代弁をわれわれの共同の表象として承認しうるかは、明らかにあらためて別に審査すべき課題である。その時々で、その状況に即して、検討され検証されなければならない。であればこそ、それぞれの立場から、ことばの正確な意味における「代表者」の声を批評したり修正したりする自由もまた、平等の構築において大きな役割を果たす。そのためには「聞く」ことの習練も大切になる。すなわち本書で論じてきた皮膚感覚とも深く関わる、「国語をこまかに聴きわける能力」の自由が育てられなければならない。この論点は、たとえば五八頁で論じている「理屈」の語に込められた批評力などの例ともつながっている。

さらに大切なこととして見落とせないのが、この「話しかた」と「聞きかた」の二つの自由の間に、「思いかた」ともいうべき疑問の出しかたの自由があるという論点である。「考えまた感ずるに入用な言葉の修得」〔前掲書：二三七〕という不可欠の領域がある、と柳田国男はいう。すなわち、発言の権利の民主主義だけでなく、「聞く」局面での承認の実践を重視したうえで、さらにそのあわいに立ち現れる「思う」「考える」ことの自由を見落とさなかった点は、理念的で批判的なだけの凡庸な民主主義者と違っている。

ここでの「国語」は、近代国民国家を支える政策的意義を与えられた共通の言語（いわば「国家語」）のことではない。むしろ、その人間が固有の言語能力を獲得する媒体となった、自生的で身体環境的な普段づかいの言語を意味する。それを「母語」と言っても基本的には間違いではないが、そのジェンダーバイアスにも拘わらず残る抽象性は誤解をまねく。おそらくそれよりも小さな範囲で身体をくるんでいる「生活のことば」と理解するほうが正確だろう。ただし、国民国家の政策としての「国語」にしても、生まれ育った社会が自生的に受け継いでいる「国語」にしても、前述の「聴きわける」能力や、それを使って「考える」また「感じる」能力の重要性は変わらない。

そのような「ことば」の身体性に支えられた感覚と思考の自由の実現こそが、この思想家の国語教育の政治的な目標であった。

## 「近代日本語の抑圧」の三つのメカニズム

「ことば」という道具それ自体のなかに刻みこまれ、特質となった構造にも、格差生成の原因を発見していく。そのまなざしのもとで、私が「近代日本語の抑圧」［佐藤健二 一九八七：九三－一〇九］という表現で提示した、歴史的なできごとがあらためて浮かびあがる。

「言い尽くせた」「書き切れた」という境地に多くのひとが達しえないのは、国語という手段そのものの不備や不十分にも、相応の責任がある。すなわち、歴史的に形成された近代日本語システムそれ自体が、それぞれの話し手・書き手の表現を生みだす機能において、国語としての不便や改善すべき不全を抱え込んでいる。この発想は、柳田の『国語の将来』の歴史認識から私が学んだ、たいへん重要な論点のひとつである。近代日本語が抱え込むにいたった歴史的で社会的な特質は、誰でもが自由に話し、聞き、感じ、考える実践に、「二重構造」のもとでの「翻訳」ともいえるようなわずらわしい困難を押しつける。

これも結論の骨格だけに要約して紹介しておこう。私が『読書空間の近代』で指摘した「近代日本語」のもつ「困難」あるいは「抑圧」作用は、じつはいくつかの相異なる要素が複合する、以下の三つの存立の機制に基づくものとして分析的に提示することができる。

第一は、「国家・行政のことば」と、「生活・身体のことば」との二重構造である。

これを「漢語」すなわち「四角いことば」と「和語」すなわち「丸いことば」との二重構造と理解しても、それほど的を外しているわけではない。しかしながら、そう表示したとたんに「日本」への回帰とか「固有性」の捏造といった、粗雑なイデオロギー批判にもとづく誤解と過剰な攻撃を招く危険性がある。もちろん、この二重構造がどのように強化されたのかの歴史的経緯にさかのぼったとき、すでに六一頁で触れたような明治近代初期のさまざまな抽象的・概念的な新漢語の生産と大量投入は無視できない。その造語法は、大学などの高等教育の伝統ともなり、やがて発達してくる官僚制のなかに定着した。

漢字の組み合わせによる新単語の量産は、たしかに新文化流入期の当面の不足を補うものであった。しかし、かなり重大な欠陥を有していたといわざるをえない。

その一つは、この量産が、書かれたテクストや書類を基礎とした、制度的・行政的で、文字による流通を中心とした供給にとどまったことである。すなわち、ことばの身体的な原点である「声」の原初性を失っていた。ごく断片的な一例に過ぎないが、「田んぼ」と「はたけ」とを引きくるめた「圃場」という概念が整備政策の進展とともに生みだされたことがある。そのように官僚が媒介する言語の抽象化は、国家・行政のことばと生活・身体のことばとの間に、亀裂のような距離を組織的に生みだしていく。

それゆえ、もう一つには、活用形ともいえるような利用が十分には生みだされなかった。漢語のまま流入した国家・行政のことばの多くの概念が、人びとの声の暮らしのなかで使いこなされ、新たな連想や活用の動きを育てていく形にならなかった。その理由のひとつは、おそらく前述の組織的な亀裂が横たわっていたがゆえである。曖昧な抽象性のまま流通したこととも関係があろう。

すこし堅すぎ、たぶんよそよそしすぎたのである。

## 名詞の増加と動きや関わりの衰弱

この論点は、さらにことばの集合としての言語の構造的な特質に及ぶものであり、「名詞」の異常なまでの増加という、存立機制の第二の特質につながっていく。

これは、一面では二〇六頁で大平健が指摘している人間関係の「モノ」化という論点ともどこかで呼応しているのだが、ほんとうの問題は名詞の増加そのものでは必ずしもない。むしろ名詞の異様な増殖の反面において、新しい事物や概念の動きや働きをうまくあらわす「動詞」や、その様態や関わりの濃淡や細やかな評価を映し出す「形容詞」が絶対的に不足し、衰弱していく。それが問題なのは、位置やつながりを浮かびあがらせる、ことばの機能的で実践的なネットワーク性の衰弱でもあったからである。

柳田国男は近代の文章において、不格好なほど増えてきたのは、「〇〇的」の安直な形容詞であり、「〇〇する」という安易な動詞形であった、と批判している。たしかに、その変容の効果は身にまとわりついて深く、私のこの本の文章にもそうした窮屈な単語が不格好に多い。

この種の新しい語句の発明は、ふりかえって考えてみると、中心に置かれた名詞の印象の「オウム返し」でしかなかった。形容詞として使われながら、対象のなり（形）や、さま（様）、おもむき（趣）、心ばえ（意）を固有に言いあらわし解説する力が不足していたわけだ。「する」の結合による動詞化にも、主語の動きを浮かびあがらせる任務は課せられる。しかし語幹となった元々の名詞が自明で普遍的であればあるほど、その固定性に引きずられる。名詞以前にまでさかのぼって、そのことばが指し示した状況をたどり直し、意味の固定化した思い込みを流動化することはむずかしい。あえていえば名詞のまま、文に溶け込もうとしない。「的」で形容詞化された単語も、同じく身体感覚に溶けきっていない。それだけでなく、皮膚で感じた動きを浮かびあがらせるべき動詞や形容詞が、名詞に支配され従属してしまって、固有の働きを失っているともいえる。

そうした「名詞への従属」こそ、生活する身体のことばの内側で起こっている、近代日本語の第二の抑圧の存立機制である。具体的な現象としては、国家のことばと生活のことばの乖離・分裂という第一の抑圧の存立機制とも重なりあう部分もないわけではない。しかしながら、ことばの生産主体や流布・流通のプロセス、さらにその受容の様態を分析してみると、論理の水準も様相もまったく異なる別のメカニズムである。

## 「話す」という言説生産の様式とその効果

第三の抑圧の構造的な存立のメカニズムは、じつは解放のメカニズムでもありえた「話す」という言説生産の様式の登場とともに、形成されてくる。

「話す」ことは、聞く用意のある他者にむけて笑いなどの技巧と知恵とを織り交ぜた、自由な発話スタイルを指した。「話す」という動詞自体が、一定の型をもった「語る」とも、ことばを発すること全体に拡がってしまった「言う」とも異なる、中世に使われるようになった新語だという。口から出るにまかせたことを連想させる「咄」の用字や、珍しく耳に新しいことを強調する「噺」の文字が国産の新字として工夫され発明されたのも、そのスタイルの新しさの認識ゆえであろう。まさに「ハナシ」は、ことばをその場で生産する新しい生産様式であった。私は柳田の国語論から学んだ「話」の特徴を、次のように要約した。

> 第一に語りほどの形式の拘束をもたず、第二にしかし構成をもつ長い叙述で、第三にやがて速度を要し早口を必要とした。〔佐藤健二 一九八七：一〇三〕

話すことは、一面において「型」や「形式」から自由で、その場における思いが解き放たれた発話であり、その容器として、断片の寄せ集めではない起承や転結の構成をもっていた。この談話の技術と文化とは、話し手の機知だけがつくり出したものではない。聞き手の衆が共在する「寄合」の場において、はじめて可能であったものだ。都市では、それが芸能化され、一方向的に客席に見せるものになって「寄席」と呼ばれる空間を生みだした。おそらく適度の他者性と、信頼の親しさを分かちもつ、聞き手の集合的な承認は、話すものの技巧と自信とを育てる栄養でもあった。それはまた、前述のような「言論の自由」の原点でもあった。

しかしながら見落とせないのは、「話」の速度である。すなわち短い時間に多くのことばを費やそうとする傾向が、用語を選りすぐる余裕を、コミュニケーション行為から失わせることにもなった。感心した章句の口まねや、気の利いた表現の借用が多くなり、「決まり文句」としての流用が盛んになった。その固定化は、思想をあらわし議論を立てる文体にも及んで、鶴見俊輔がことばの「お守り的使用法」〔鶴見俊輔 一九四六→一九七五：一二一-一二五〕と批判するような思考停止をも生みだす。味わって反省する時間もなしに、ことばのはやり廃りのサイクルを早めたことは、「解放」であったはずの自由が、「抑圧」へと転回する兆しであった。やたらと使いたおせば、よい表現であっても意味が拡がって曖昧になり、結局のところ意外なほど早く効果を失って飽きられ、古くさくなる。新語の多くは、流行語として消費され、空虚にゆるんだ意味のあいまいさだけが、時代遅れのものとして残される。

### 「抑圧」からの解放を求めて

もちろん「亀裂」として、「従属」として、あるいは「速度」として現れる「近代日本語」

の不自由も抑圧も、文化として変革しうる対象である。そうした課題が、生活・身体としてのことばに突きつけられている。私たちは、ふたたびことばの「政治力」を必要としている。すなわち、他者の異質性を声によって巻き込みながら、寄り合う人びとの合意を探り、作り上げていく「話す」ことの政治力が、求められている。それを8章で触れたような「沈黙」の深さを救いあげる身体性において問い直し、組織し直さなければならない。

ここにおいて、ケータイを論じてきた諸章の「他者の存在感の衰弱」という問題と、近代日本語によって「抑圧」されている身体化されたことばの解放という課題とが、出会うことになる。

もしことばを自由に変換する力としての翻訳力や、もうひとつの身体ともいうべき想像力が衰弱しているとすれば、その理由は二つの事態の進行に根ざしている。新しいことば、すなわち新語を生みだす力が空洞化していることと、ことばを身につける力、すなわちことばを身体経験として学ぶ力が衰えていることとである。

とりわけて問題にしたいのは、「身につける力」の衰弱のほうである。新語を生みだす力の空洞化も、じつは「身につける力」の衰弱と呼応している。

新語を生みだす力なら、最近でも盛んに作られている、だから御心配は無用です、とはねつけられるかもしれない。たしかに、四八頁にあげた若者たちの隠語のような新語表現は、たとえば「2ちゃんねる」のようなインターネットの場を通じて、なるほど盛んに生みだされている。さらに毎年恒例になっているらしい、新語・流行語を決めるイベントも一九八〇年代の半ばからあって、いつも玉石混淆の新しい警句表現が話題になる。しかしながら、ここで感じられている「新しさ」も「流行」も、つきつめていくと、メディアのもつ装置としての力が生みだしている大量流通の現象でしかない。ほんとうにことばが、なんらかの生産を担う道具として身につけられ、使われた結果なのかというと、疑わしいと言わざるをえない。

ただ声を揃えて、同じことばを唱和しているだけの現象、つまりは千篇一律の「オウム返し」であっても、いろんなところで見かければ、新しい「流行語」が生まれたように見えてしまう。そそっかしい評論家は、すぐに現代社会が必要としている、世の中で求められているのだ、と論じていくかもしれない。しかしながら、そうした条件反射の口真似は、みんながそのことばを、新しい何かを捉えるために役立つものとして採用し、それを考える道具として使っていったことを意味しない。テレビが世にことばと映像とを広める装置として発達し、インターネットがマス化していくなかで、じつは「ことば」をかみ砕いて消化し、生活の場に定着させ、身につける力は、むしろ衰弱したといってもよい。

そのメカニズムこそ、まさしく新たな現代日本語の「抑圧」である。その「抑圧」から、いかにわれわれは自らを解放しうるのだろうか。

## わからないことばと向かいあう

多くの翻訳の達人たちが、外国語教育の意義を、自分が使ってきたことばに対する自己省察が生まれることに求めている。これは、圧倒的に正しい。

「母語」としての国語には、使ってはいるけれど知っているとはいえないことばが多い。いわば無自覚のうちに身につけたものだからである。英語を中学校で習い始めて、初めて主語述語とか動詞とかのパーツ（部品）の分類を知り、文法というルール（規則）があることに気がつく。自分が話している日本語が、同様に固有の文法構造を有する同質の道具であることを、初めて知る。たぶん外国語教育がなかったら、あるいは古語に触れる機会がなかったら、ことばの道具性に対する自覚は、そのきっかけや取り組みの手がかりを失うだろう。

わからない「ことば」を辞書でひいて調べる。その時間はまた、意味という、まるで蜘蛛の巣のような、織物のような、指示作用のからまりあいを意識し、その構造と向かい合う時間だったからである。

だから未知のことば、わからない他者のことばと出会う経験は、重要である。それが、自分が身につけたことばと、反省的に向かい合う経験でもあるからだ。翻訳力の基本は、じつは英単語の知識なぞではなく、日本語能力なのだという、よく言われる警告の正しさも、これに根ざしている。その人の日本語のことばの厚みがどれだけあるか、その意味のネットワークをどれだけ使いこなせるか。それが、理解力の基本であって、日本語でひねったり遊べたりする力がないと、いい翻訳にはたどりつけない。その点では、じつは外国語の辞書だけでなく、国語辞典の果たす役割も大きい。「文字の文化」の生きたデータベースとして、辞書が「言論の自由」においてもつ意味は無視できない。突飛な正当化かもしれないけれども、電子辞書の普及に、私がひそかに期待しているところでもある。紙ならば重すぎて分厚くなりすぎ、カバンにはもちろん、台車を動員しても苦労するだろういくつもの辞書を、ポケットに入れて持ち歩けるような利便を与えてくれたからである。

## 「ことば」を感じる力と新しい表現

ことばを味わい分け消化して身につける力のもとで初めて、新語をつくる力が輝き、ことばの取捨選択が盛んになる。

もちろん、簡単な課題ではない。

しかしながら先例も経験もない、不可能な夢想だとは思わない。まったくのささやかな一例にすぎないが、もし視点をこの百年や二百年ではなく、千年のあいだに広げて工夫をたどるならば、たとえば、「する」と同じような便利さで使われてきた「めく」という語尾を挙げることができる。この語尾が名詞に直接に活用のための語を「溶接」するだけではない、もうすこし違った触媒の役割を果たしてきたことに気づく。

「ときめく」「うごめく」「ひしめく」あるいは「なまめかしい」「色めき立つ」など語尾につ

く形ながら、「めく」は固有の融合を遂げて、新しいことばを生みだした。「ささめく」から「ささやく」が、「ほのめく」から「ほのめかす」という新しい動詞が生まれた。言語学者の専門知からはいろいろとむずかしい議論があろうけれども、素人目には現代の「的」と同じように思える「時代めく」「殊更めく」「艶めく」もある。もう核となる名詞それ自体が廃れたために、使われなくなってしまった「かいしょ（会所）めく」「じょうず（上衆）めく」「ぶざ（武左＝武左衛門＝田舎侍・無骨者）めく」という造語法には、今日のインターネット空間でおなじみの、視覚的で状況的でどこか差別的な批評感覚と呼応するものすらある。

余談ながらこの一覧は、電子辞書の逆引き機能、すなわち「後方一致」のリスト機能を使ってみた結果である。このメディアがなかったら、ずいぶんと調べるのに苦労しただろう。そして改めて並べてみると、「めく」が擬音語や擬態語に付いてことばを生みだしている、その柔軟さに興味を感じる。

そこには声と耳が媒介する、身体性がある。

コピペの功罪を論じて「ぐぐる（グーグルで探す）」という、現代の新しい動詞を取りあげたことがある［佐藤健二二〇〇七］。じつを言うと、このものめずらしい動詞に込められた声の感覚を、私自身はひそかに評価している。語源から切り離して、独自に活用させ、意味の網の目を張り替えていっても面白いのではないか。もちろん、国語学者からはとんでもない、お遊びはほどほどにと言われるかもしれない。しかし、この音のつながりは、「ぐっと」強く情報を引き寄せる擬音語のようにも受け取れ、ばらばらなものをまとめる「くくる」ということばと隣りあっていることにも、面白い縁を感じる。

ことば遊びもまた、ことばの力のひとつである。

ざわざわという音の描写から「ざわめく」や「ざざめく」「さんざめく」が引き出され、同様の感覚の表象から、どっと「どよめく」、よろよろ「よろめく」、眠くてとろとろするさまを元に「とろめく」が生まれていく。「ひらめく」の背後には、稲妻が光り、あるいは旗や紙がひらひらと動くさまが感じられている。身体の動きや感覚をそのままことばに写しこむことで、身近な道具にしているのである。

## 問いそのものを疑う

ことば「を」感じるとともに、ことば「で」感じる。

そうした「皮膚」感覚としての鋭敏さのうえに、じつは「手」としてのことばの有効性もまた成り立っている。であればこそ、ことば「を」疑うという反省の身ぶりの生成においても、ことば「で」疑うという、道具性を通じた距離の自覚と位置関係の調整が必要になる。

二〇〇五年頃だっただろうか、小泉政権の頃の国会質疑のある風景を思い出す。質問が具体的に何を問うものだったか忘れてしまったけれど、野党の党首が「イエスかノーかでお答えいただきたい」と強く迫ったのに対して、首相が「イエスかノーかで答えられる問題ではない！」とだけ語気荒く応じて引き上げた。強引だが、戦術の意義は明らかである。答えてしまえば、相手の「ことば」の土俵に上げられ、注文相撲を取らされる。子どものころ夢中になって読んだ『西遊記』という冒険物語には、呼ばれた名に応えると吸い込まれてしまう妖怪の宝物があった。あれと同じである。

このあと、なぜ○か×かでは答えられない問題なのか、だとしたら問いそのものの立てかたがどう修正したらいいのか。それらをめぐって、議論は次の段階に進んだのだったかどうか、それももう世間はすっかり忘れている。おそらく、この発言は「答えられないのだから、答えない」という屁理屈の役目だけを果たして、その場にうち捨てられたに違いない。多くのニュース番組もまた、応酬の部分しか映像として取り上げなかった。議場から漏れた笑いは、漫才番組の効果音のように聞こえた。

しかし、問いの立てかたそれ自体が間違っているのではないかという切り返しを、相手を制する武力としてではなく、自分の論理の行き詰まりを反省する技法として使うとき、その返し技は思考の手段としての力をもち、自らの新しい視野を開くだろう。とりわけ、長い受験生活を通じて、できるかぎり早くに正解にたどりつく能力に価値があると刷り込まれている人々にとって、問いそのものが正しくないという解きかたの発見は、見かたを一八〇度変える革命の体験である。

もちろん残念なことだけれども、疑問を内省の構築に応用するよりも、攻撃のことばとして使うほうが人目を惹くし、たぶん手軽に盛り上がれる。その安易な気分は、現実空間にも増して電子空間に幅広く蔓延している。おそらくそこにも、この本で論じてきた他者感覚の変容が深く関わっている。インターネット掲示板のことばの「殺伐さ」を分析した荷宮和子は、「他者を〝論破〟すること」を至上の目的とするために、その「言いかた」のみに注目して、背後の心情や事情などにまるで頓着しない「どうやらそういう世代が社会の多数派になりつつあり、ネットの隆盛とは、そのことのあらわれではないか」〔荷宮和子 二〇〇三：一九〕と述べる。

荷宮はまた、その場に居合わせない人を悪しざまにうわさし、排除することで「仲間」としてつながる、奇妙な人間関係の増加に驚く。と同時に、むきだしの罵詈雑言誹謗中傷と隣り合って、存外な「正論」が表明されている事実にも、このネット言説の傍観者は注目している。もちろん、誤入力を装った「マジレスでスマソ」（真面目にレスポンスしてすみません）という照れ隠しの防御線にしのばせて、である。そして、匿名で顔も身もさらさずに発言できる掲示板のなかでしか、真っ当な意見や疑問に属する声を上げられない状態にある、ネット向き人間の脆弱さを指摘している。

### 「ことよせ」の論理と「ことば」が共有されていく場

ネット空間における言説の改革が、そこに集う一人一人の倫理や自覚や勇気の問題であることは否定しない。しかしながら、共有される道具としてのことばの使いかたが、ネット空間の関係の改善や改悪を媒介している事実も、軽視してはならない。

ネット上に映し出された文字空間には、「禿同」（はげしく同意する）や「(藁)」（笑い）など、目の意味（＝文字）と耳の意味（＝声）のズレを利用し、打ち間違いというひねりを介してことばと戯れる慣用句がやたらに多い。話し手（書き手）と聞き手（読み手）の関係も、共通の隠語でだけ結ばれている仲間のような脆弱さのまま、ずっと推移していく。だからほんの小さなきっかけで、ことばに託された共鳴の論理も共感の情緒も、突然に他者をぶすりと刺すような、有害危険な凶器へと変化してしまう。

果たしてこれは、ネット社会の宿命なのであろうか。あるいは、ことばをそのようにしか使えなくなることが、メディア環境の発展の必然的な結果なのだろうか。

おそらく、そのように外在する空間＝環境と、主体のことば＝コミュニケーション行為とを切り離して説明してしまうこととそれ自体が、「ことば」がじつは空間を生みだし、関係を織り上げる力を持つという事実を過小評価してしまう。

いまから半世紀ほど前に書かれた宮本常一『忘れられた日本人』が注目した「ことよせ」の論理は、理屈の「すじだて」の論理とは異なる、もうひとつのコミュニケーション技能であった。一九五〇年代の初め、宮本が九学会連合の学術調査で対馬に行った時の話である。ある村の家で古文書を借りたいと頼むと、皆の意見を聞かなければいけないからと村の寄り合いにかけてくれた。

会場には二〇人ほどが板間に座り、外の樹の下にも三人五人とかたまってうずくまったまま、思い思いに話し合っている。雑談のようにみえたがそうでなく、村でとりきめを行う場合には、みんなの納得のいくまで何日でも話し合うのだそうだ。昔は長くなると家から弁当が届けられ、夜になって話が切れないとその場へ寝る者もあり、起きて話して夜を明かす者もあり、結論がでるまでそれが続いた。どんな難しい問題でも、三日もあれば片が付いたという。

議事の進行も、福沢諭吉の『会議弁』が紹介するような整然とは大違いである。まず区長が「先生方が村の古いことを知るには古い証文類が見たいというが、貸していいものだろうか」と切り出し、「これまで貸したことは一度もないし、村の大事な証拠書類だからみんなでよく話し合おう」となったが、話題は他の協議事項に移ったり戻ったりする。借りた書類を返さずに自分の家を村一番の旧家のようにしてしまった老人の話を誰かが切り出し、関連あるような話が思いつかれるままに、ひとわたり繰り広げられる。また話題は他に移り、しばらくして「大事にしろとの言い伝えはあるが自分たちもよく中身を知らない。他人に見せて役立つものなら見せてはどうだろう」と誰かがいう。するとひとしきり、家にしまってあったものを眼のある人に見せたらこんないいことがあった、という世間話が続く。

老人の一人が「見ればこの人はわるい人でもなさそうだし、話をきめよう」と声をあげると、外で話していた人たちも窓のところへ寄ってきて、みなが宮本の顔を見る。なりゆきで宮本も話すはめになって、古文書には、クジラが捕れたとき若い女たちが美しい着物を着、化粧して見に行くのを禁止した書き付けがあることなどを例に挙げると、それを受けて村でクジラをとっていたころの話がしばらく、一時間あまりも続いた、という。そのうちに「もう誰も異存はなかろう」ということになって、区長が「それでは私が責任をおいますから」と宮本に借用証を書かせて読み上げ、朝からそこに置かれたままになっている箱を渡してくれた。「私はそれをうけとってお礼をいって外へ出たが、案内の老人はそのままあとにのこった。協議はそれからいつまでつづいたことであろう」［宮本常一 一九六〇→一九七一：一〇－一一］と書く。

ここで話されていたのは「理屈」ではなかった、と宮本はいう。一つの事柄について自分の知っている関係ある事例をあげていく。すると応じるように別の体験談がでて、話に花が咲く。宮本が持ち込んだのはそれほど難しい問題ではなかったが、論理だけでは収拾がつかなくなっていく問題も多く、だから「たとえ話、すなわち自分たちの歩いてき、体験したことにことよせて話すのが、他人にも理解してもらいやすかったし、話す方も話しやすかった」［前掲書：一四］のだという。

体験としての知識が、論点と呼応する形でそこで出され、微妙な違いも含めて他者と共有されていく。そうした情報の蓄積は、理屈の筋道だけで導かれた結論とは異なる、実質的な合意形成の素材となり、プロセスとなった。むき出しの理屈を戦わせるのではなく、また生の感情をもろにぶつけあって傷つけあうのでもなく、おのれが体験の具体的事例にことよせた主張を出し合う。

それが、いつでもどこでも普遍的に可能だとは思わない。むしろ、そこに集った他者との関係が、村人たちの「ことば」の戦略を方向づけているとも思う。すなわち「せまい村の中で毎日顔をつきあわせていても気まずい思いをすることの少ない」解決を探り、ともに生きていくための寛容な関係性を維持しようとしたのである。ともに生きるだけでなく、そこで誰かが病み、私もまたいずれ死ぬことが、世代をこえてくりかえし見つめられればこそ、簡単には行き止まりまで暴走しない寛容なる関係を構築する。そうすることに、自然当然と受け止められるような価値があったからだ。

「理屈」とは違う「ことば」の交わしかたや積み重ねかたがある。それが望ましいことかどうかは、法理のような理念的先験性から単純に裁断すべき問題ではない。しかし、ことばの身体性は、論理だけではない合意や承認のありかたをも示し、私たちに今のコミュニケーションのありかたを絶対化することなく、変えることができるという希望を与える。

## 身体としての「ことば」の想像力に

単純な正解も無欠の正論も、手に入れればよい選択肢として、出来合いで存在しているわけではない。だからもういちど、ことばの力を考え直す原点から始めたい。

「ことば」は、人間が他者の内面を認識し、社会と呼ばれる継続的で相乗的な関係性を形成していこうとするとき、不可欠の大切な手段である。しかしながら「ことば」は、まだ不自由で、まことに不完全な道具である。今日のことばが、多数の「国語」に分かれ、世界のコミュニケーションにおいて容易に超えがたい分断の障壁を形づくっているからだけではない。新聞の誕生、ラジオの発明、テレビの日常化などマスメディアが生活の深くに入り込んでことばの生産や流通を担うなかで、さらにはネット掲示板が隆盛しケータイの所持が常態化しつつある日常において、現代の「国語」自体がいわば変質しつつあるからである。

宮本常一が見かけた「寄合」は、村に生きる人びとにとっても、ことばの練習場であり、聞きかたや話しかたを学ぶ広場でもあっただろう。しかしすでに日本中のどこの村でもそんなゆるやかな時間は消滅し、テレビが代わりに一方的に声を出し、インターネットの広大な空間がまるで身体環境の延長であるかのように切れ目なくつながっている。そのなかで、「ことば」という道具が果たすべき役割は、かえってより大きなものとなった。誰でもがうまく考えを組み立て、感じた通りを表せることばの成長ならば喜ばしいけれども、今日の前で起こっているのは、ことばという道具の未熟さをことさらに拡大するかのような変質である。その事実はけっして、現代日本だけの問題ではないようにも思う。

であればこそ、実際の生活で使われ、あるいは聞き流されている「国語」を、自分で使う道具の問題として内省する必要がある。くりかえしになるが、そこに蓄えられた微妙な風味の違いを味わい分けて、どう使うかを選び、さらに新たな表現を育てていく必要があるのである。

ことばは、われわれの思考の環境であり、手段であり、また内容でもある。気づかないままにわれわれを縛っている。その不自由や不完全を自覚し、乗りこえる道筋も、ことばとともに開かれる。

もちろん、私がここで指摘したいのは、昔の日本語の新語づくりは巧みだったとか、伝統の「やまとことば」は響きが柔らかで美しかったとか、かつての寄合はほんとうの民主主義であったなどという、どうでもよい決めつけではない。どうでもよい、と突き放しておくのは、過去の記憶のノスタルジックな理想化にとどまりたくないからである。

足場とすべきは、もっと単純な、「ことば」の力それ自体への期待である。

読解力の基本は、その文字の向こう側の気持ちをわかろうとする共感の能力だと思う。他者の痛みや苦しみや歓びをわかろうとし、自分の経験に関連づけて想像することができてはじめて、論理の力を活かしていける。現代においても、「的」や「する」の強引な接着力に頼らずに、ことばを豊かに動かし、関連づけて、モノのさまやコトの趣きをとらえなおす作業を、丹念に、そして面白がりながら、あの手この手でやっていくことは可能ではないか。そのためには他者と向かい合って、声によって「ことば」を育てていく空間が必要であろうし、なによりも自らのことばの皮膚感覚を鋭敏にして、内なる「言い尽くせない」「書き切れない」ものと向かい合っていくことが大切になる。しかしながら、その社会に開かれた練習場として、ケータイの画面はいかにも狭すぎる。片言のごく短い表現しか、許されていないからだ。

もちろん、そうした感覚自体も変えうることは否定しない。

結論は、たぶんケータイというひとつの道具に閉じこもってはならない、という、眠たくなるくらいに穏当で、さえないものだ。しかし一方で、この一見小さな、とても身近なもののように思える入り口が、じつは、「ことば」や「声」や「文字」や、さまざまなメディアが生みだしてきた文化の可能性につながっていることも自覚してよいのではないか。この本では、ケータイを「電話空間」の原型にまでさかのぼって考察し、さらには「ことば」そのものの根源的な力にまで思いを馳せて考察してきた。そこで浮かびあがってきた「他者の希薄化」という事態を変革していくのも、「ことば」が媒介する、人間固有の想像力である。

新しい表現を生みだす場も、皮膚感覚の想像力も、聞き手としての批判力も、いずれも大切である。「ことば」の微妙な違いを味わいわけ、選んで、使いこなして、身につける。その実践のなかには、ことばの歴史の厚みを調べるまっすぐな真面目さだけでなく、ことば遊びのひねった語呂合わせも、ウソの自由も、聞き手の批評も含まれている。

その修練が、わからない「ことば」に向かいあうときにも力を与え、身体を支えてくれる。そして、わからない「人間」、すなわち未知の他者と向かいあうときにも、力を与えてくれるだろう。

われわれが生きる現代社会では、情報をばらまくメディアは複線化し、情報としての量は増大化する一方である。かつての知識人は「書物が多すぎる」ことに苛立ち、集めきれぬことを悔やみ、短い人生で読みつくせぬことを嘆くとともに、要約や索引の整備と良書の基準の明示とを願った。拡大するインターネット空間もまた、印刷書物の「グーテンベルクの銀河系」の進化がそうであったと同じく、今後新たな蓄積や秩序を自生的に形成していくかもしれない。

しかしながら、その健全なる発展において、何よりも大切なのが、「ことば」を使いこなすひとりひとりの身体であり、もうひとつの身体によって生みだされる「ことば」の空間の改善である。ことばは、もうひとつの手であり、もうひとつの脳であり、もうひとつの皮膚であった。

自らの経験を通じて身体化されたことばを、自覚的に育てるという課題は、じつは日常に内在し、自己との対話や他者との関与に課せられた宿題であり、書かれた文字の読書の時代が印刷書から電子空間へと拡大したとしても、変わらないのである。

# 引用・参考文献　※発行年・日本人（五十音）・外国人（アルファベット）の順

一九二八　女子作法研究会編「電話のかけ方、きき方の心得」『礼儀作法一切の心得』春江堂：二四二―二四六
一九三七　趣味の教育普及会編『正しい電話のかけ方とき〻方』趣味の教育普及会
一九三四　柳田国男『民間伝承論』現代史学体系　第七巻、共立社書店→一九九八「民間伝承論」『柳田國男全集』第八巻、筑摩書房：五―一九四
一九三九　東京日日新聞社連絡部編『電話電信読本』東京日日新聞社・大阪毎日新聞社
　柳田国男『国語の将来』創元社→一九九八「国語の将来」『柳田國男全集』第一〇巻、筑摩書房：二一―二一七
一九四一　『時局と正しい電話のかけ方』国際電気通信株式会社
一九四六　鶴見俊輔「言葉のお守り的使用法について」『思想の科学』創刊号、先駆社→一九七五『鶴見俊輔著作集3　思想Ⅱ』筑摩書房：一二―二五
　柳田国男「喜談日録」『展望』創刊号〜第四号、筑摩書房→二〇〇四「喜談日録」『柳田國男全集』第三一巻、筑摩書房：二三一―二四四
　柳田国男「モシモシ」『毎日の言葉』創元社→一九九八「毎日の言葉」『柳田國男全集』第一五巻、筑摩書房：二五六―二五九
一九五三　神田計三「正しく新しい電話のかけ方と聞き方」『新処世事典』実業之世界社：一五〇―一八一
　柳田国男『不幸なる芸術』筑摩書房→一九九九「不幸なる芸術」『柳田國男全集』第一九巻、筑摩書房：六〇五―七〇四
一九五四　『東京大学文学部社会学科沿革七十五年概観』東京大学文学部社会学研究室開室五十周年記念事業実行委員会

一九五六　柳田国男「どうもありがとう」『新版　毎日の言葉』東京創元社→一九九八「毎日の言葉」『柳田國男全集』第一五巻、筑摩書房：三一九－三二三

一九五八　日本電信電話公社東京電気通信局編『東京の電話：その五十万加入まで』上、電気通信協会

一九六〇　大妻コタカ監修「電話・電報のエチケット」『新時代の礼儀作法』日本女子教育会：四二七－四三八

宮本常一『忘れられた日本人』未来社→一九七一『宮本常一著作集一〇　忘れられた日本人』未来社

一九六四　日本電信電話公社東京電気通信局編『東京の電話：その五十万加入まで』下、電気通信協会

Leroi-Gourhan, A., *Le Geste et la Parole*, Albin Michel ＝荒木亨訳　一九七三『身ぶりと言葉』新潮社→二〇一二　ちくま学芸文庫

一九六七　草柳大蔵『ルポルタージュ　ああ電話：山村のできごとからその未来像まで』ダイヤル社

南北社編『でんわ文化論：ペンから声への思想』南北社

一九六九　S・S・スチブンス、フレッド・ワルショフスキー　原著　タイム社ライフ編集部『音と聴覚の話』ライフ・サイエンス・ライブラリー　コンパクト版〈第二一〉、タイム・ライフ・インターナショナル

一九七五　後藤美代子「電話」『女性のための交際とマナー』日東新書：八三－九一

平野秀秋・中野収『コピー体験の文化：孤独な群衆の後裔』時事通信社

一九七七　Schafer, R. M., *The Tuning of the World*, McClelland and Stewart ＝鳥越けい子他訳　一九八六『世界の調律：サウンドスケープとはなにか』平凡社

Schivelbusch, W., *Geschite der Eisenbahnreise: Zur Industrialiseirung von Raum und Zeit im 19. Jahrhundert*, Hanser Verlag ＝加藤二郎訳　一九八二『鉄道旅行の歴史：十九世紀における空間と時間の工業化』法政大学出版局

一九七九　藤竹暁編『電話コミュニケーションの世界：藤竹暁対談集』ダイヤル社

一九八〇　ダイヤル社編『随想・私の電話作法』ダイヤル社

一九八一　細川周平『ウォークマンの修辞学』朝日出版社

向田邦子『父の詫び状』文春文庫

一九八二　Ong, W.J., *Orality and Literacy: the Technologizing of the World*, Methuen ＝桜井直文他訳　一九九一『声の文化と文字の文化』藤原書店

一九八三　坂部恵『「ふれる」ことの哲学：人称的世界とその根底』岩波書店

Anderson, B., *Imagined Communities: Reflections on the Origin and Spread of Nationalism*, Verso ＝白石隆・白石さや訳　一九八七『想像の共同体：ナショナリズムの起源と流行』リブロポート→Revised edition, 1991＝白石さや・白石隆訳　一九九七『増補　想像の共同体：ナショナリズムの起源と流行』NTT出版

Eisenstein, E., *The Printing Revolution in Early Modern Europe*, Cambridge University Press ＝別宮貞徳監訳　一九八七『印刷革命』みすず書房

一九八七　佐藤健二『読書空間の近代：方法としての柳田国男』弘文堂

鈴村和成『テレフォン：村上春樹、デリダ、康成、プルースト』洋泉社

一九八八　Marvin, C., *When Old Technology Were New: Thinking About Electric Communication in the Late Nineteenth Century*, Oxford University Press ＝吉見俊哉・水越伸・伊藤昌亮訳　二〇〇三『古いメディアが新しかった時：一九世紀末社会と電気テクノロジー』新曜社

樫村政則編『「伝言ダイヤル」の魔力：電話狂時代をレポートする！』JICC出版局

一九八九　小池譲「電話：メディアは今、身体（からだ）になる」佐藤健二編『失語抄：ゼミ第二期生論文集』法政大学佐藤健二ゼミ、四五－六六

一九九〇　渡辺潤「電話のコミュニケーション」『メディアのミクロ社会学』筑摩書房：三〇－六一
大平健「電話と名前と精神科医」『へるめす』第二四号、岩波書店：一五三-一六二
一九九二　粉川哲夫・武邑光裕・上野俊哉・今福龍太・大島洋「電話」『ポスト・メディア論』洋泉社：七－二三
吉見俊哉・若林幹夫・水越伸『メディアとしての電話』弘文堂
Fischer, C. S., *America Calling: A Social History of the Telephone to 1940*＝吉見俊哉・松田美佐・片岡みい子訳　二〇〇〇『電話するアメリカ：テレフォンネットワークの社会史』NTT出版
一九九三　石郷岡知子『高校教師放課後ノート』平凡社
佐藤健二「メディア・リテラシーと読者の身体」『マス・コミュニケーション研究』第四二号、日本マス・コミュニケーション学会：一三四－一五〇
一九九四　富田英典『声のオデッセイ：ダイヤル$Q_2$の世界：電話文化の社会学』恒星社厚生閣
富士ゼロックス総合教育研究所編『ラクに話せる電話の本：まごつかない失敗しない恐くない！』大和出版
一九九五　大澤真幸「電話の快楽」『電子メディア論：身体のメディア的変容』新曜社：四五－六一
吉見俊哉『「声」の資本主義：電話・ラジオ・蓄音機の社会史』講談社選書メチエ
Kerckhove, D. de, *The Skin of Culture: Investigating the new electronic reality*, Somerville House Books.＝片岡みい子・中澤豊訳　一九九九『ポストメディア論：結合知に向けて』NTT出版
一九九六　『旧新訳聖書―文語訳』日本聖書教会
一九九七　富田英典・藤本憲一・岡田朋之・松田美佐・高広伯彦『ポケベル・ケータイ主義！』ジャストシステム
原田悦子『人の視点からみた人工物研究』共立出版

一九九九
Gay P. du, S. Hall, L. Janes, H. Mackay, K. Negus, *Doing Cultural Studies: The Story of Sony Walkman*, SAGE Publication. ＝暮沢剛巳訳　二〇〇〇『実践カルチュラル・スタディーズ：ソニー・ウォークマンの戦略』大修館書店
辻大介「若者のコミュニケーションの変容と新しいメディア」橋元良明・船津衛編『子ども・青少年とコミュニケーション』北樹出版→北田暁大・大多和直樹編　二〇〇七『子どもとニューメディア』日本図書センター：二七六－二八九
仲島一朗・姫野桂一・吉井博明「移動電話の普及とその社会的意味」『情報通信学会誌』一六巻三号：七九－九二

二〇〇〇
小此木啓吾『「ケータイ・ネット人間」の精神分析：少年も大人も引きこもりの時代』飛鳥新社→二〇〇五　朝日文庫
松田美佐「若者の友人関係と携帯電話利用：関係希薄化論から選択的関係論へ」『社会情報学研究』第四号、日本社会情報学会：一一一－一二二
ＮＴＴアド編『ネット＆ケータイ人類白書：「多感階級」の誕生』ＮＴＴ出版
Kopomaa, T., *The City in Your Pocket: Birth of the Mobile Information Society*, Gaudeamus University Press. ＝川浦康至他訳　二〇〇四『ケータイは世の中を変える：携帯電話先進国フィンランドのモバイル文化』北大路書房

二〇〇一
浅羽通明編『「携帯電話（モバイル）的人間」とは何か：〝大デフレ時代〟の向こうに待つ〝ニッポン近未来図〟』別冊宝島 Real 014、宝島社
岩田考「携帯電話の利用と友人関係：〈ケイタイ世代〉のコミュニケーション」『モノグラフ・高校生』六三号、Child Research Net（http://www.crn.or.jp/monographpdf/3/3-vol-63.pdf）
加藤晴明『メディア文化の社会学』福村出版

川浦康至・松田美佐編『携帯電話と社会生活』現代のエスプリ四〇五、至文堂
田中ゆかり「大学生の携帯メイル・コミュニケーション」『日本語学』第二〇巻第一〇号、明治書院：三二－四三
橋元良明・小松亜紀子・栗原正輝・斑目幸司・アヌラーグ　カシャブ「首都圏若年層のコミュニケーション行動：インターネット、携帯メール利用を中心に」『東京大学社会情報研究所調査研究紀要』一六号、東京大学社会情報研究所：九四－二一〇
松田裕之『明治電話電信（テレコム）ものがたり：情報通信社会の《原風景》』日本経済評論社
三宅和子「ポケベルからケータイ・メールへ：歴史的変遷とその必然性」『日本語学』第二〇巻第一〇号、明治書院：六－二二

二〇〇二
岡田朋之・松田美佐編『ケータイ学入門：メディア・コミュニケーションから読み解く現代社会』有斐閣選書
松葉仁『ケータイのなかの欲望』文春新書
Katz, J. E., M. A. Aakhus, *Perpetual contact: mobile communication, private talk, public performance*, Cambridge University Press. ＝富田英典監訳　二〇〇三『絶え間なき交信の時代：ケータイ文化の誕生』NTT出版

二〇〇三
中村功「携帯メールと孤独」『松山大学論集』第一四巻第六号、松山大学学術研究会→北田暁大・大多和直樹編著　二〇〇七『子どもとニューメディア』日本図書センター：三一四－三二六
荷宮和子『声に出して読めないネット掲示板』中公新書ラクレ
正高信男『ケータイを持ったサル：「人間らしさ」の崩壊』中公新書

二〇〇四
原田悦子・野島久雄「家の中の情報化を考える」野島久雄・原田悦子編著『〈家の中〉を認知科学する：変わる家族・モノ・学び・技術』新曜社：三一一－三三一

二〇〇五　小檜山賢二『ケータイ進化論』NTT出版
佐藤健二「ことばはなぜ単純化されるのか：「理屈」の使い方・乗り越え方」『論座』一〇月号、朝日新聞社：二三八－二四四
鈴木謙介・辻大介「ケータイは〝反社会的存在〟か？」『季刊　インターコミュニケーション』五五号、NTT出版→北田暁大・大多和直樹編　二〇〇七『子どもとニューメディア』日本図書センター：三〇六－三一三
辻大介「ケータイ・コミュニケーションと「公／私」の変容：関係性（つながり）のメディアという観点からの一考察」日本放送協会放送文化研究所編『放送メディア研究』3、丸善プラネット：九一－一一八
中村功「携帯メールのコミュニケーション内容と若者の孤独恐怖」橋元良明編『メディア』講座社会言語科学第二巻、ひつじ書房：七〇－八四
日本記号学会編『ケータイ研究の最前線』慶應義塾大学出版会
原田悦子「メディアと表現様式の変化：認知工学の立場から」橋元良明編『メディア』講座社会言語科学第二巻、ひつじ書房：一一八－一三三
三宅和子「携帯電話と若者の対人関係」橋元良明編『メディア』講座社会言語科学第二巻、ひつじ書房：一三六－一五五
柳田邦男『壊れる日本人：ケータイ・ネット依存症への告別』新潮社
二〇〇六　岩田考・羽渕一代・菊池裕生・苫米地伸編『若者たちのコミュニケーション・サバイバル：親密さのゆくえ』恒星社厚生閣
宝島編集部『ケータイと赤電話：as time goes by：1983年–200X年、あまりにさりげなく失われたモノとココロと街の風景…』宝島社

松田美佐・岡部大介・伊藤瑞子編『ケータイのある風景：テクノロジーの日常化を考える』北大路書房
堀井憲一郎『若者殺しの時代』講談社現代新書
山崎敬一編『モバイルコミュニケーション：携帯電話の会話分析』大修館書店
鷲田清一『感覚の幽（くら）い風景』紀伊国屋書店→二〇一一　中公文庫
井上史雄・荻野綱男・秋月高太郎『デジタル社会の日本語作法』岩波書店
小林哲生・天野成昭・正高信男編『モバイル社会の現状と行方：利用実態にもとづく光と影』NTT出版
佐藤健二「知の職人（マスター）をめざす人へ：熟練に向かう持続力と楽しみ」『論座』二月号、朝日新聞社：四四－五一
富田英典・南田勝也・辻泉編『デジタルメディア・トレーニング：情報化時代の社会学的思考法』有斐閣
松下慶太『てゆーか、メール私語：オトナが知らない机の下のケータイ・コミュニケーション』じゃこめてい出版
二〇〇七
水越伸編著『コミュナルなケータイ：モバイル・メディア社会を編みかえる』岩波書店
稲増龍夫「「絵文字」の使われ方：メディア論的考察」『國文學：解釈と教材の研究』五三巻五号、學燈社：一〇四－一一一
鈴木謙介「なぜケータイにハマるのか：メールコミュニケーションの社会学」南田勝也・辻泉編著『文化社会学の視座：のめりこむメディア文化とそこにある日常の文化』ミネルヴァ書房：一〇六－一二七
二〇〇八
武田徹「ケータイ時代のコミュニケーション」『國文學：解釈と教材の研究』五三巻五号、學燈社：

五八－六五
中西新太郎「読者を後押しする〈誰でもない誰か〉の物語」『國文學：解釈と教材の研究』五三巻五号、學燈社：六－一三
松田美佐「電話の発展：ケータイ文化の展開」橋元良明編『メディア・コミュニケーション学』大修館書店：一一－二八
三宅和子「ケータイ方言：ハイブリッドな対人関係調整装置」『國文學：解釈と教材の研究』五三巻五号、學燈社：九二－一〇三

二〇〇九
荻上チキ『社会的な身体（からだ）：振る舞い・運動・お笑い・ゲーム』講談社現代新書
北川悦吏子『このケータイからは、あなたにメールしてない、私』ソニー・マガジンズ
土井隆義『キャラ化する／される子どもたち：排除型社会における新たな人間像』岩波ブックレット
日本放送協会・日本放送出版協会編『気持ちが伝わるケータイメール術』日本放送出版協会

二〇一〇
橋元良明・奥律哉・長尾嘉英・庄野徹『ネオ・デジタルネイティブの誕生：日本独自の進化を遂げるネット世代』ダイヤモンド社

あとがき

私がこの本で論じたかったのは、「社会」という公共性を立ち上げる力の復活である。われわれの身体技術であり、集団文化である「ことば」を話し、聞き、書き、読む実践そのものにおいて、その力の原点を考えることが必要だと思った。

社会という関係性を公共に開かれた空間として立ちあげる。

われわれは、そうした想像力を知らず知らずのうちに衰弱させてきたのではないか。

その変容は、身の回りの身近なできごとのなかで進んでいる。たしかに現代社会のさまざまな局面で、「個」の自由なあふれ出しが観察される。それは「私」への密かな撤退や引きこもりでもあるが、一面では、他者とのつながりや共鳴をひどく切望しているようにも見える。

にもかかわらず、空間の「公共」性をつくりだそうとする何かが、決定的に不足しているように感じられてしまうのは、なぜか。

マクルーハンに師事したメディア論者のケルコフが、本書でも引用した作曲家マリー・シェーファーの次のような文章を引用しているのが、印象に残った。

目を使うとき、私たちはいつも世界の縁にいて、そこからなかを覗き込んでいる。一方耳を使うとき、やってくるのは世界のほうで、私たちはつねにその中央にいるのだ。［Kerckhove 1995＝一九九九：一二〇］

なるほど、この方向性の差異はなんとなくだが事態の本質を突いているように思う。もし、この観察が正しいなら、もっぱら「耳を使う」電話とケータイにおいて、やってくるのは世界のほうである。それは自らの身体の居場所である「個室」的環境を世界の中心にして、外からの呼びかけを待ち受ける、奇妙に受動的な主体性を生みだしたことを意味するのかもしれない。

たぶん、そのままの世界の中心で思いを叫ぶだけでは、この不可視の個室は崩れない。

もういちど人間という動物が発展させてきた「ことば」の力と、そこに託された使命とを思い出す必要がある。空間に刻みこまれ身体に書きこまれた記憶と経験とを、「文字」のようにしてその外側からあらためて覗きこむ、観察力と想像力と読解力のまなざしが、鍛えられなければならない。

＊

もちろんこの本は、こうすれば「力」を得ることができるというマニュアルではなく、結論の共有によってひとを救おうという教養指南の書物でもない。むしろ、「問い」こそが共有されるべきものであろう。わかりやすい単純な結論にしてしまう。それはむしろ、粘り強い思考力と想像力の大切さを見失わせる。

問題を前にした時、「どうするか」の対策追求と「なぜか」の原因究明は、それぞれに別々の価値と固有の意義をもつ。しかし残念なことに、この二つがつねに、幸福な協調と一致とをいつも生みだすとは限らない。むしろ出会えずにすれちがっていくことも多い。

「どうするか」と「なぜか」との違いと同様に、「どうするか」と「どうであったか」の違いも見過ごせない。「どうであったか」は、過去へ向かうだけの問いではない。本書が、ケータイやスマホの時代に、古くさいと思われる「電話空間」の分析に力をそそぐのは、そうした歴史社会学の立場に立つからである。

「どうするか」の変革ばかりを尊ぶ態度のなかには、今ここに価値をおく「現在中心主義」の傲慢が混じる。しかも近代という時代では、個人の「自由」と「責任」という論理になんでも還元してしまってさしあたり片を付けようとするたぐいの安直が、どこかで幅をきかす。そこにおいて、歴史性をもって存立している「社会」がふたたび見失われる。薄っぺらな決断に早あがりせず、人間の生活の現実と、そこに内在する力をじっくりと観察するところから考えていこう、と本書が説くのはそれゆえである。

「原因解明」の知と「対応解決」の実践とが、いつかきちんと出会い、「過去」を知ることと

「未来」を思うこととが、どこかで確かに結びあうかもしれない。そうした希望を持ちつづけることは、冒頭に掲げた『ヨハネ伝福音書』風に言うならば、「ことば」で考えることの「生命《いのち》」であり、人間の足もとを照らす「光」である。

＊

「ケータイ化する日本語」というタイトルは、「ケータイ」のとらえ方次第で、その意味はおそらく薄くも厚くもなる。

まさか「便利なマルチメディア」になったことの脳天気な賞賛と受け止めてしまう読者は少ないだろうけれど、「サル化した」現代人への高飛車で無情な批判だと即断されるのも、いささか居心地悪い。この本での論理を素直になぞるならば、今日的な変容のその奥には「電話化する日本語」という歴史性があった。すなわち、電話の複製化し二次化した声の流通のなかで、ことばを通じて他者を観察する力がどこかで制限され、空間あるいは場をつくりあげる力が変容していった。また電話からケータイへの拡張のなかで、さらに「他者」や「未知」と向かい合う力が衰弱していったのではないかという仮説も、ひとつの問題提起である。

いうまでもなく、その衰弱からの回復もまた、身体語・生活語としての「国語」の課題である。「ことば」というもうひとつの身体としての使いこなしの工夫において、新たな公共性への取り組みは可能なのではないか、と私は考えている。メールをさかのぼっていくとつながる

「手紙」の文字世界の想像力や、ワープロの経験が垣間見せてくれる「印刷」の複製文字の力の公共性の再発見も、そうした「ことば」の今日的な衰弱からの回復において、重要な役割を果たすことを論じてきたつもりである。

こうした可能性の厚みにおいて、「ケータイ化する」という、じつに不格好で不自然な形容を受け止めていただければありがたい。

＊

いつもながら、論述の迂回路と見通しにくい枝葉が、この本にも目立ったかもしれない。だが回り道ならば切りひらいて道を直線に通し、枝葉ならば打ち落として幹だけにしてしまうのがよいのかというと、たぶん、まっすぐな杉の人工林づくりのような管理だけが、「ことば」の森の育てかたではない。

私がフィールドとする「ことば」の森は、里山に近い日常の空間である。「言の葉」の落ち葉が厚く積み重なっていつのまにか土に戻り、一方で複雑な意味が瘤をなす古木の「慣用句」があるかと思うと、花盛りの木にも似て目をひく「流行語」がところどころに混じる。

多くの人びとが、この「ことば」の入会地にそれぞれの必要からおとずれたと聞く。踏み分けられた道はからみあい、ときには忘れられながらも、この森の豊饒をたしかに育ててきた。今だけの見通しのよさやわかりやすさにとらわれると、時代を超えて積み重なってきたものの意味や失われたものの異質性を理解する手がかりが失われてしまう。

場合によっては、常識を逆立ちさせる。そうやってはじめて気づく事実もある。私もまたそんなふうにして、「ことば」としての声がつなぐ身体性と社会性に驚き、「留守番電話」と「オレオレ詐欺」の意外な近接や、もうひとつの「皮膚」としてのことばの役割に魅力を感じた。

＊

この本は基本的にひさしぶりの書き下ろしであるが、今は無き『論座』に書いた、二つの短い論考の一部分がバラバラにして利用されている。ひとつは二〇〇五年一〇月号に寄せた「ことばはなぜ単純化されるのか：「理屈」の使い方・乗り越え方」であり、もうひとつは二〇〇七年九月号に載せた「ことばの「わからなさ」と向かい合う」である。

前者はちょうど郵政民営化が問われた小泉政権時代の選挙のときに、政治家のことばを取り上げてほしいという依頼のもとでの文章であった。後者は「深化する翻訳」という特集への寄稿であったと記憶している。どちらも当時『論座』の編集者であった中島美奈さんにお世話になった。部分的にはそのままの論述が残ってはいるものの、関係が薄い論点は省いたりして利用しなかった部分も多い。

さらに最初の書き下ろしであった『読書空間の近代』の論述を、私自身が直接に要約している最終章の一部について、旧著を読んでくれたひとからすれば冗長で、あるいは反復を読みづらく思う向きもあるかもしれない。しかしながら、二〇年以上前の議論を新たな観点から整理し関連づけているという局面もあり、むしろこの本の「ことば」論の文脈のなかで受け止めていただければありがたい。

担当編集者の北村尚子さんを、ずいぶんお待たせしてしまった。前の三分の二は、ほぼ三年前にはできあがっていて少人数の研究会合宿でも発表したりしたが、あとの三分の一が公私の忙しさで遅々として進まなかった。当初はケータイに装備されたカメラの機能までをも論じて、見ることの変化にも考察を拡げるつもりだったが、そうなるともう一冊分以上の厚みと時間が必要になりそうだったので、「ことば」論だけで区切ってまとめた。

こちらが原稿を仕上げられずにいるあいだに、合宿に参加した研究者仲間の一家にも、編集を担当した北村さんのお宅にもお子さんが生まれ、私が自分の子どもを観察して納得した「脊椎動物」としての「ことば」の進化を実感していると聞く。

まことに時の流れていくのは早い。

＊

この本の結びに掲げる「献辞」を、さてどうしようか。

まず『メディアとしての電話』の三人の著者に、としたい。一九九〇年代初頭の吉見俊哉、若林幹夫、水越伸の三人の先駆的で実験的な考察がなければ、あらためて電話とケータイとを取り上げて「ことば」を論じる意欲を、私はもたなかったかもしれない。もうひとり、認知心理学者の原田悦子さんに、を加えたい。二昔近く前に法政大学社会学部の同僚であった原田さんのテレビ電話の分析を参照することで、空間の共有をめぐる私の議論は、すこし複雑になり現実的になったように思う。この四人の学恩に感謝しつつ。

二〇一二年五月二八日　桑の実が熟す初夏を前に

佐藤健二

[著者紹介]

佐藤健二（さとう　けんじ）
1957年生まれ。東京大学文学部社会学専修課程卒業、同大学院社会学研究科修士課程修了、東京大学教養学部助手、法政大学助教授を経て、現在、東京大学大学院人文社会系研究科教授（社会学、文化資源学担当）。
著書：『読書空間の近代』（弘文堂）、『風景の生産・風景の解放』（講談社）、『流言蜚語』（有信堂高文社）、『歴史社会学の作法』（岩波書店）、『社会調査史のリテラシー』（新曜社）など。
共編：『社会調査論』（八千代出版）、『文化の社会学』（有斐閣）、『柳田國男全集』（筑摩書房）など。

ケータイ化《か》する日本語《にほんご》——モバイル時代《じだい》の“感《かん》じる”“伝《つた》える”“考《かんが》える”
© Kenji Sato, 2012　　NDC 361 ／ iv, 293 p ／ 19cm

初版第１刷————2012年７月20日

著者————佐藤健二《さとうけんじ》
発行者————鈴木一行
発行所————株式会社 大修館書店
〒113-8541 東京都文京区湯島2-1-1
電話03-3868-2651（販売部） 03-3868-2603（編集部）
振替00190-7-40504
[出版情報] http://www.taishukan.co.jp

装丁・イラスト——園木　彩
印刷所————三松堂
製本所————難波製本

ISBN978-4-469-22222-7　Printed in Japan